三角形の七不思議

単純だけど、奥が深い

細矢治夫　著

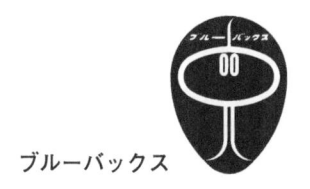

ブルーバックス

装幀／芦澤泰偉・児崎雅淑
カバーイラスト／井上陽子
章扉イラスト／いたばしともこ
もくじ・本文デザイン・図版／フレア

はじめに

　読者は、三角形の七不思議と聞いて何を連想するだろうか。じつは、どれが「三角形の七不思議」かなんてものは誰も知らないのだ。三角形について不思議なことは山ほどある。本書では、その中からよりすぐりの「不思議」を7章に分けて紹介している。読者が道に迷わないようしっかりガイドしているので、第1章の正三角形の話からゆっくり読み進んでいけば、問題なく終わりまで楽しんでもらえるはずだ。

「正三角形」は英語で「レギュラー・トライアングル（regular triangle）」という。野球やサッカーで正選手のことをレギュラーというが、そのレギュラーに、角（アングル）が3つあるという意味のトライアングルがつくのだから、まさに三角形の代表だ。

　ところが、この正三角形にも泣き所がある。それは「三角形の三要素」、すなわち、辺の長さ、角度、および面積である。正三角形の1辺の長さを仮に1としよう。3つの角度はいずれもきれいな60°になっているが、面積は $\frac{\sqrt{3}}{4} = 0.4330127\cdots$ という極めて半端な数になってしまう。

そこで、誰もがもっている2辺の長さが等しい「45°の三角定規」を見てみよう。その角度は、45°が2つと90°というきれいな値になっている。さらに、2本の等しい辺の長さを1にすれば面積は$\frac{1}{2}$でわかりやすい。ところが、斜辺の長さは$\sqrt{2}$という半端な数になってしまう。今から2000年以上前のギリシャでは、ピタゴラス学派と呼ばれた数学者たちが、それを秘密にして世間の人に気付かれないよう必死になって守ったという、信じられない話が残っている。

　つまり、辺長、角度、面積の三要素がきれいな整数になる三角形など存在しないのだ。つまり、三角形はルートやコサインから逃れることができない。でも、$\sqrt{3}$や$\cos\theta$という記号に尻込みせずに、ちょっと頑張れば、三角形のもっているたくさんの素晴らしい性質を楽しむことができる。読者が自然にその世界に入っていけるように、章の順番を並べたつもりだ。一方、ルートやコサインはすでに知っているという人ならば、どの章を拾い読みしてもすぐに楽しめるはずだ。

　もし、整数と平方根の違いなんてどうでもいいや、という人がいたら、どうぞこの本は閉じて、犬小屋へどうぞ。三角形の大事な定理をひとつだけ知っている犬と遊んでほしい。彼らも経験的に、「三角形の2辺の和は第3辺よりは長い」ということが身についているから、えさや獲物め

はじめに

がけて回り道をせずに真っすぐに走っていくのだ。

　三角形の七不思議を、犬や小学1年生たちより、もっとたくさん知りたい人のためにこの本を書いた。ナポレオンがじつは数学大好き人間で、「ナポレオンの三角形」という大定理が数学の辞書にも載っている。デカルトという、これもフランスの大数学者が、論文を書く代わりに、数学好きのボヘミア王女にきれいな定理をプレゼントした。そういうことをもっと詳しく知りたければ、どうぞ、この本をゆっくりと読み進んで、三角形の不思議な世界の広さと楽しさを堪能してほしい。

もくじ

はじめに……………………………………………………………… 3

第1章
正三角形の不思議な性質 …… 11
 三角形の四心…………………………………………………… 12
 三角形の5つめの心、傍心…………………………………… 16
 ナポレオンの三角形…………………………………………… 19
 正三角形を正方形に変える…………………………………… 23
 もっと簡単に折り紙で………………………………………… 26
 三角定規から正方形をつくる………………………………… 29

第2章
不等辺三角形の不思議な性質 …… 31
 三角形を6等分する方法……………………………………… 32
 三角形を7分割する──ラウスの定理……………………… 34
 三角形の $\frac{1}{2}$、$\frac{1}{3}$、$\frac{1}{6}$ の分身をつくる………………… 40
 三角形の $\frac{1}{4}$ と $\frac{1}{5}$ の分身をつくる……………………… 43
 内心と内接円の不思議………………………………………… 45
 モーリーの三角形……………………………………………… 49

チェバの定理……………………………………… 51
メネラウスの定理………………………………… 54

第3章
ピタゴラスの三角形……………………… 57

ピタゴラスの定理………………………………… 58
ピタゴラスの定理の証明その1………………… 58
ピタゴラスの定理の証明その2………………… 60
ピタゴラスの三角形はいくつある？…………… 61
既約なピタゴラスの条件………………………… 63
ピタゴラスの三角形を分類する………………… 66
ピタゴラスの戸籍を決める……………………… 68
3辺の長さを式で表す…………………………… 72
1つ違い足のピタゴラスの三角形……………… 75
アポロニウスの窓………………………………… 77
王女へのプレゼント……………………………… 79
アポロニウスの窓とピタゴラス………………… 83
アルベロスの円…………………………………… 85
ひとつの円周上に無数に現れるピタゴラス…… 88

第4章
ヘロンの三角形 …… 91
- ピタゴラスからヘロンへ …… 92
- 二等辺ヘロンの三角形のペア …… 94
- 3辺の長さから面積がわかる──ヘロンの公式 …… 97
- 連続数ヘロン …… 103
- いじわるヘロン …… 105

第5章
三角定規で遊ぶ …… 109
- 三角定規の中の$\sqrt{2}$と$\sqrt{3}$ …… 110
- 45°の三角定規で遊ぶ …… 112
- 60°の三角定規で遊ぶ …… 115
- ドラフターの狂乱 …… 117
- エターニティ・パズル …… 122

第6章
アイゼンシュタインの三角形 …… 125
- 三角関数の復習 …… 126
- 余弦定理はピタゴラスの定理の拡張版 …… 127
- いろいろな整数三角形の角度を調べる …… 130
- アイゼンシュタインの三角形 …… 136

三角タワー……………………………………………… 140
　　60°の三角定規に収束する
　　　アイゼンシュタインの三角形…………………… 143

第7章
二等辺三角形と黄金三角形……… 145
　　正五角形の中の黄金三角形…………………………… 146
　　黄金比とペンタグラム………………………………… 150
　　フィボナッチ数とルカ数……………………………… 153
　　フィボナッチ数の兄弟、ルカ数……………………… 157
　　日本古来の幾何学的模様……………………………… 161
　　紋章の中の三角形……………………………………… 163
　　いろいろな三角形を長方形の中に埋め込む………… 165

おわりに………………………………………………… 168
解説付録………………………………………………… 172
さくいん………………………………………………… 181

第 1 章
正三角形の不思議な性質

三角形の四心

　正三角形は三角形の世界の中心的存在である。その理由に、正三角形では四心がすべて一致してしまう。四心とは、重心、垂心、内心、外心のことだ。しかし、それぞれ何を意味しているかたぶん忘れていると思うので、順に思い出しながら、正三角形のもつ不思議な図形的性質をいろいろ紹介することにしよう。

　まずは重心である。重心とは、面全体をその1点で支えられるような重さの中心点のことだ。三角形の頂点と、その対辺の中点とを結んでできる3本の線分（これを中線と呼ぶ）は、1点で交わる。これを重心という。三角形をその1点で支えられるような重さの中心だから、重心と呼ぶのである。

　ここに、厚さが一様な薄板でできた正三角形があったとする。その三角形の重心は、図1.1 (a) のように、頂点Aから対辺BCの中点に引いた直線AL上にあるはずだ。真っすぐな細い棒の上にこのALを載せれば、三角形の板は左右のバランスがとれて水平に止まるであろう。

　同じように、頂点Bから対辺ACの中点に至る直線BMと、また、頂点Cから対辺ABの中点に至る直線CNも、細い棒の上で三角形の板は静止してくれるだろう（図1.1(b,c)）。結局この3本の中線は1点に交わり、それが重心Gとなっているのだ（図1.1(d)）。

　さらに、重心は、これら3本の中線の対辺から頂点までの長さのちょうど3分の1の場所になっていることに注目

第 1 章 正三角形の不思議な性質

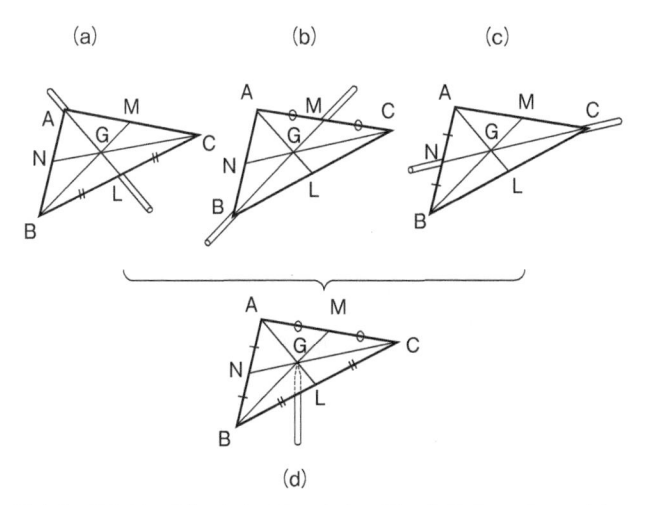

図 1.1 重心は、(a) A から BC の中点に引いた線分 AL 上に、(b) B から CA の中点に引いた線分 BM 上に、また、(c) C から AB の中点に引いた線分 CN 上にあるはず。結局、(d) この 3 本の線分の交点 G が重心

してほしい。ここでその証明をしてもよいのだが、正三角形はあまりにも形がきれいなので、そのありがたみの実感がわかない。そこで、この証明は第 2 章で不等辺三角形を使って示すまではペンディングにしておく。

次に垂心を考えよう（図 1.2）。三角形の 3 つの頂点からそれぞれの対辺に垂線を下ろすと、それらも 1 点 H に交わる。これを垂心と呼ぶ。

するとどうだろう、正三角形では、垂心は重心に一致してしまう。しかもそれだけでなく、これから説明する内心と外心も重心と一致してしまうのだ。

三角形の 3 辺に同時に接する円、すなわち内接円の中心

13

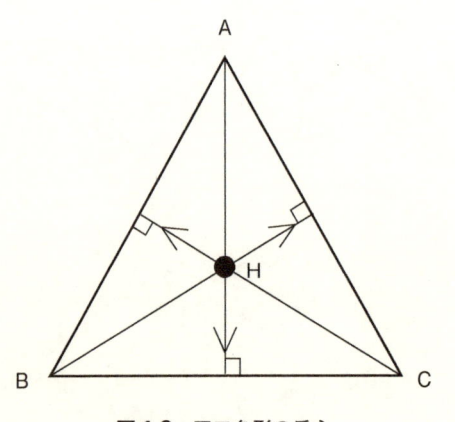

図 1.2 正三角形の垂心

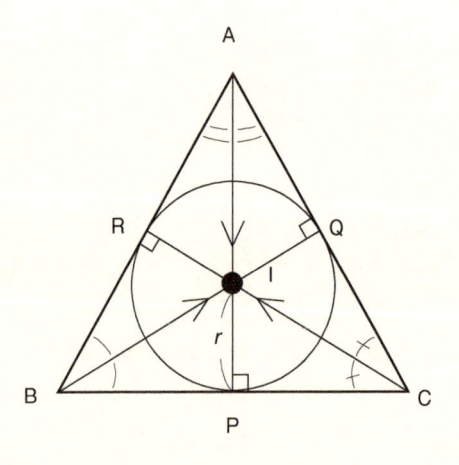

図 1.3 正三角形の内心

第1章 正三角形の不思議な性質

を内心という。それは同時に、3つの角の二等分線が1点に交わる場所でもある（図1.3）。内心Iから各辺に垂線を下ろし、各辺と交わった点をそれぞれP、Q、Rとする。3つの角の大きさはいずれも等しい60°だから、IP＝IQ＝IRとなる。したがって、3点P、Q、Rが内心を中心とする同一の円（内接円）の周上にあることがわかる。

次に、三角形ABCの3辺の中点S、T、Uから垂線、すなわち、3辺の垂直2等分線を立てると、これらも1点で交わる（図1.4）。これが、三角形の3つの頂点が同一円周上にある外接円の中心、外心である。しかも、ここで示した点P、Q、Rと点S、T、Uは、重心のときに示した点L、M、Nと同じであり、重心G、内心I、外心Oが同じであることが図からも一目瞭然にわかる。

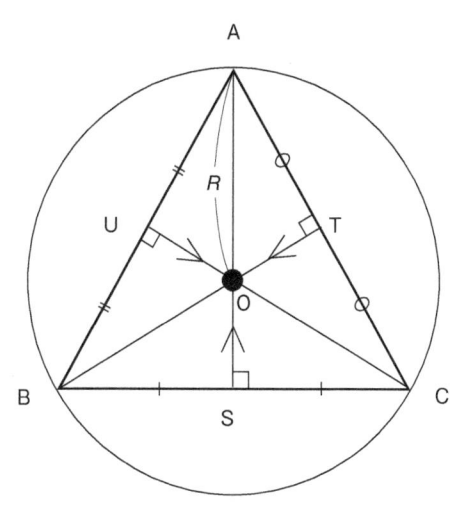

図1.4 正三角形の外心

三角形の5つめの心、傍心

　正三角形の四心が見事に一致することがわかった。ところで、三角形には五心ある、ということを覚えている人もいるだろう。三角形に存在する「心」の5つめは傍心である。ここまでに出てきた、重心、垂心、内心、外心の四心は、どの三角形にも1個ずつしかないが、傍心は3個存在する。

　この傍心は、重心や垂心とは直接の関係はもっていない。しかし、内心と外心とは密接な関係をもっている。ここでは内心と結びつけて傍心の説明をしよう。

　一般に、三角形というのは3本の辺に取り囲まれた図形と思われているが、一方では、平面上に勝手に引かれた3本の無限に長い直線がたまたまぶつかって生じた、ある閉じた領域と考えることもできる。数学的には、むしろそのほうが考えやすいこともあるのだ。

　これを図にすると図1.5（a）のようになる。すると、領域ⅠとⅡとⅢも、閉じてはいないが、3本の直線 l と m と n に囲まれているといってもよいであろう。余談だが、フランスの初等教育ではそうやって三角形を教えているらしい。筆者としては、子どもにこんな説明をしてもかえって数学嫌いを増やすような気がしないでもないが……。

　先ほど紹介した内心は、領域Tの中での、l と m と n の間の角の2等分線が交わった場所だった。そこで、領域Ⅰのところでも同じように3直線の間の2等分線の交わりを探すと J_1 点が得られる。これが傍心である（図1.5

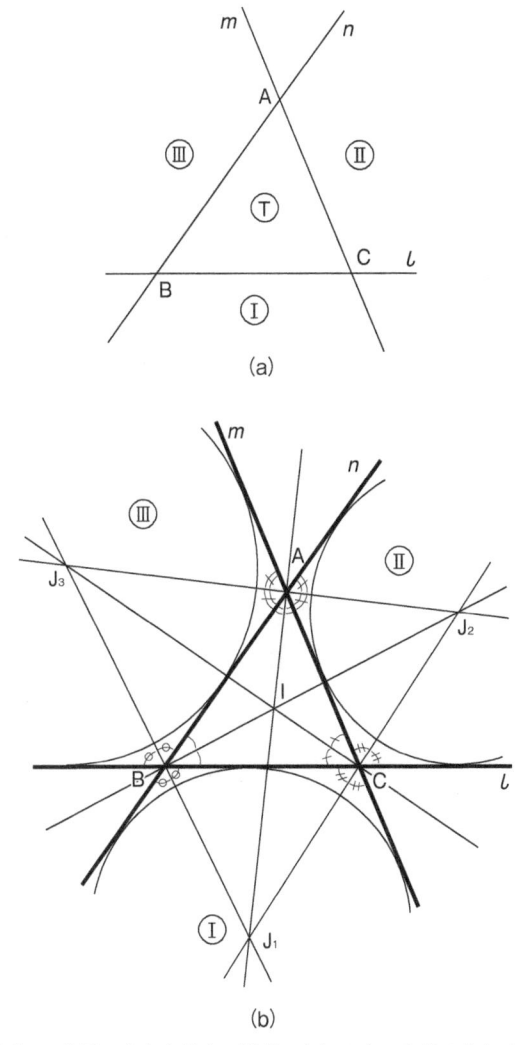

図 1.5 三角形の内心と傍心の関係 (a) 3本の直線の交わりで三角形Tと3つの領域Ⅰ, Ⅱ, Ⅲが決まる (b) 内心Ⅰと3つの傍心 J_1, J_2, J_3 との関係

(b))。

　同じようにして、領域ⅡとⅢにも傍心 J_2 と J_3 が決まる。そして、この3つの傍心からそれぞれ、3直線 l、m、n に同時に接する円を描くことができる。この3つの円を三角形の傍接円と呼ぶ。この図 1.5（b）は不等辺三角形だが、正三角形で3つの傍接円を描けば、それらの半径が全部同じ長さになることは容易に想像できるだろう。

　そこであらためて、ひとつの正三角形 ABC に接する3種類の円、「内接円」、「外接円」、「傍接円」を描いてみせたのが図 1.6 である。ただし、わずらわしいので、傍接円はひとつだけにした。

　ここで、太線で描かれた△AFG とその内部にある△

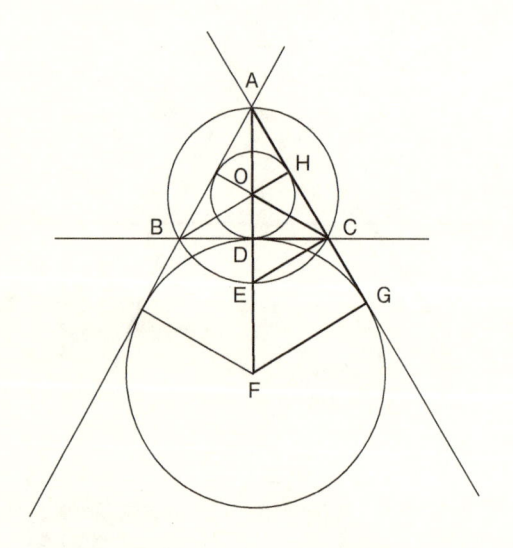

図 1.6　正三角形の内接円、外接円、傍接円の半径の比は 1：2：3

AOHと△AECを見比べてほしい。これらの頂角Aは共通の30°である。また、∠H、∠C、∠Gが直角だから、これら3つの三角形は相似である。しかも、AH＝HC＝CGだから、OH：EC：FG＝1：2：3になっている。そして、△OECは正三角形だからEC＝OCである。つまり、OH：OC：FG＝1：2：3である。なんと、正三角形の内接円、外接円、傍接円の半径の比は1対2対3だったのだ。

なお、HCとCGは、それぞれ内接円と傍接円の切片で、それぞれの相棒CDが一人二役を演じているために、それを通じて等しくなっているのである。

さて、正三角形についてはつまらない顔をしている傍心でも、第2章以降では不等辺三角形にからめてもう少し面白い話を紹介することができる。だから、この話はひとまずここで止めておこう。

そこで次に紹介するのは、どんな三角形が与えられても、ある作図をすることによって正三角形がつくり出されるという話である。

ナポレオンの三角形

今から200年ほど前にヨーロッパ全土をかきまわしたナポレオンは、その一方でロゼッタストーンなどの遺物を通じて、古代エジプト文明を世界に紹介する大きな役割を果たしたことでも知られている。その彼は数学にも強い興味をいだいていただけでなく、「ナポレオンの三角形」と

いう定理を見つけたという伝説まで残っている。あの戦争好きのナポレオンが数学大好き人間だったのか、と驚いてしまう。さすがに、その定理について書いた彼の論文などは存在していないらしいが、彼の名を冠したその定理は数学の辞書にも、うやうやしく載っているのである。それをここに紹介しよう。

図 1.7 を見てほしい。任意の三角形 ABC（太線）が与えられたときに、まずそれぞれの辺を 1 辺にもつ正三角形をその 3 辺の外側に描く（細線）。次にその 3 つの正三角形の重心の位置 P、Q、R を求め、それらを線分で結ぶと正三角形 PQR（破線）が得られる (a)。これには「ナポレオンの外三角形」という名前がついている。さらに、3 つの正三角形を元の三角形の内側に描き、それらの重心を結んでも正三角形が得られる（b の破線 P′Q′R′）。こちらは「ナポレオンの内三角形」という。なお、図 1.7 (a) にはそれを書き加えてある。

しかも、驚くべきことには、

「ナポレオンの外と内の 2 つの正三角形の面積の差は、元の三角形の面積に等しい」

というきれいな関係が成り立っているのである。これがナポレオンの定理である。紙と鉛筆と定規があれば、ぜひ自分の手で作図をして、正三角形が描けることを確かめてみてほしい。

正三角形 ABC についてこの作図を行うと、図 1.8 のように、3 辺の外側に元の正三角形と同じ大きさの正三角形

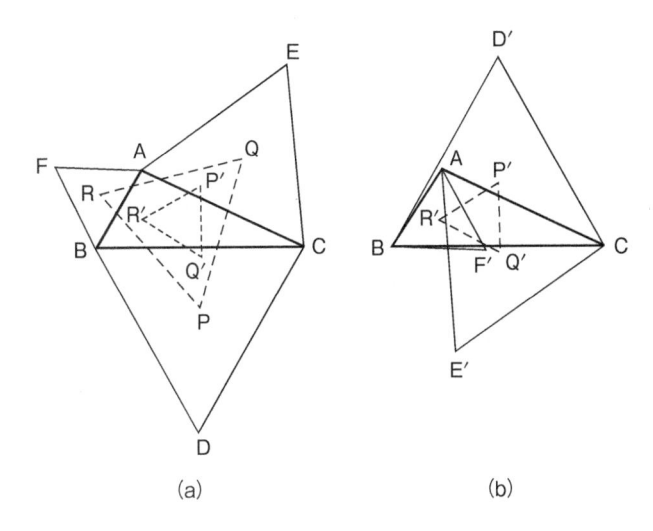

図 1.7 ナポレオンの (a) 外三角形 (b) 内三角形

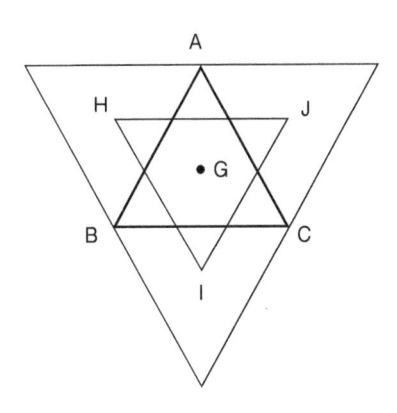

図 1.8 正三角形 ABC のナポレオンの外三角形は HIJ、内三角形は点 G になる

が3つ描かれ、それらの重心を結ぶと、元のABCと合同なナポレオンの外三角形HIJが描かれる。一方、内三角形は重心の1点Gになってしまい、その面積は0である。しかし、両者の面積の差が元の三角形の面積と同じなのだから、定理通りの結果にはなっている。

このナポレオンの定理の証明はじつは少々難しいのだが、3辺の長さがa、b、cの三角形を考えたとき、ナポレオンの2つの三角形の面積を計算することができる。数式の嫌いな人にはちょっと我慢してもらって、次の式を見てほしい。

$$外三角形の面積 = \frac{\sqrt{3}}{24}(a^2+b^2+c^2) + \frac{S}{2}$$

$$内三角形の面積 = \frac{\sqrt{3}}{24}(a^2+b^2+c^2) - \frac{S}{2}$$

ただし、ここでSは元の三角形の面積である。

一見ごちゃごちゃした式になっているが、引き算をすることによって、

$$外三角形の面積 - 内三角形の面積 = S$$

のように、きれいな式になるではないか。

それにしても、作図も結果もきれいなこんな定理に、なぜナポレオンの名前がつけられているのだろうか。ロマンのあるなぞである。

与えられた三角形に、ある作図をすると正三角形が出てくるもうひとつの有名な方法があるのだが、それは次の章

第1章 正三角形の不思議な性質

で紹介することにする。

正三角形を正方形に変える

　正三角形のいちばんの泣き所は面積である。すなわち、ルートを使わなければその面積を正しく知ることができない。たとえば、1辺の長さが1の正三角形を考えてみる。この正三角形の高さは、三平方の定理から$\frac{\sqrt{3}}{2}$であることがわかる。したがって、面積は$\frac{\sqrt{3}}{4}$だ（図1.9）。

　これを一般的な言い方にすると次のようになる。

　　1辺の長さがaの正三角形の面積は$\frac{\sqrt{3}}{4}a^2$

　それに対して1辺の長さがbの正方形の面積は簡単な

$$\text{面積} = \frac{BC \times AH}{2} = \frac{1 \times \frac{\sqrt{3}}{2}}{2} = \frac{\sqrt{3}}{4}$$

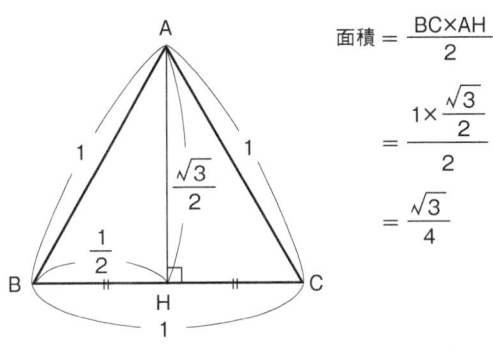

図1.9 1辺の長さが1の正三角形の面積は$\frac{\sqrt{3}}{4}$

b^2 となる。この 2 つの図形が同じ面積だとすると、正方形の 1 辺の長さ b は、正三角形の 1 辺の長さ a を使ってどのように表せるであろうか。

$$b^2 = \frac{\sqrt{3}}{4} a^2$$

$$b = \frac{\sqrt[4]{3}}{2} a \cong 0.65804a$$

（≅ は近似を表す）

3 の 4 乗根というかなりはんぱな数が出てくる。ということは、正三角形と正方形の相性があまりよくないということを意味している。しかし、正三角形と正方形といえば、図形の代表選手みたいなものである。なんとか相性の悪い両者の手を結ばせたいものだ。

今から 100 年以上前に、イギリスのデュードニーというパズル作家の草分けといわれる人が巧妙な仕掛けを考え出した。木か金属で正三角形の薄板をつくり、それを図 1.10 の太線のように 4 枚に切り分け、小さな黒丸で示したところを蝶つがいでつなぐ。1 番の板を押さえ、4 番の板の左端をつまんで反時計回りにもちあげると、4 枚の板が破線のように縦 1 列に並ぶ。さらにそれを回していくと、図の細線のような正方形に折りたたまれるわけである。

太線で描いた正三角形と細線で描いた正方形の面積は、ぴったり同じになっている。デュードニーは、この作図を図 1.11 のように種明かししている。腕に自信のある読者は挑戦してみてほしい。

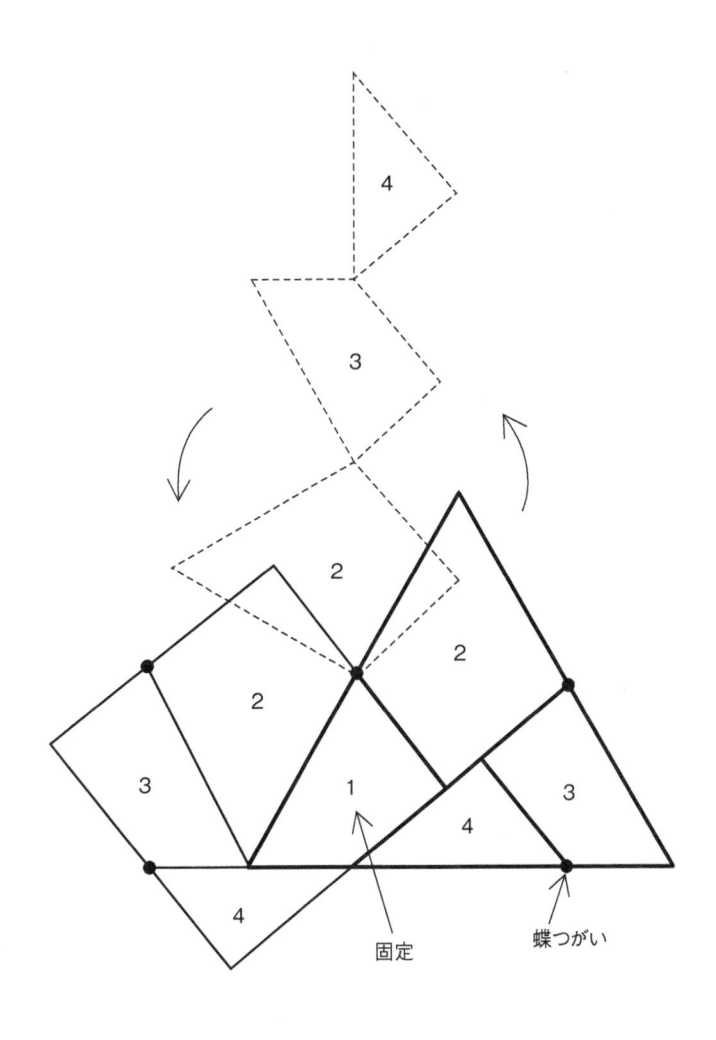

図 1.10 正三角形を等面積の正方形に変えるデュードニーのパズル

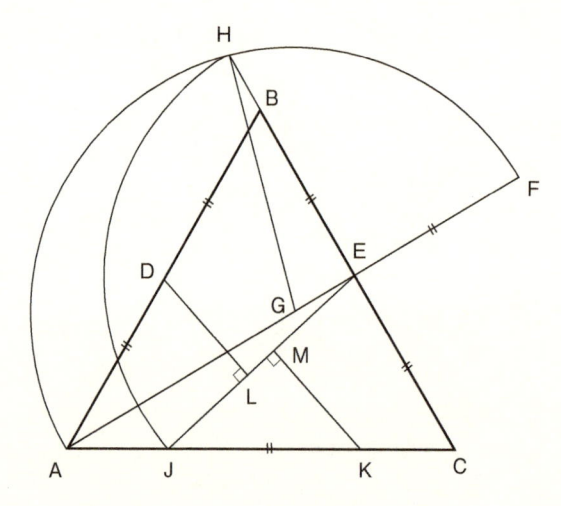

① 1辺の長さaの正三角形で、AD=BD,BE=CE=$\dfrac{a}{2}$ なるD、Eをとる

② AEを延長してEF=$\dfrac{a}{2}$ なるFを決める

③ AFの中点をGとし、CBの延長上にGH=AGなるHを決める

④ Eを中心にEHを半径とする円のACとの交点をJとする

⑤ JC間にJK=$\dfrac{a}{2}$ なる点Kをとる

⑥ DからEJに垂線DLを下ろす

⑦ KからEJに垂線KMを下ろす

図 1.11 デュードニーのパズルの種明かし

もっと簡単に折り紙で

デュードニーの作図とは逆に、こんどは正方形を正三角形にする方法はないものだろうか。ここでは、分度器も三角定規も使わずに、手軽に、しかもきわめて正確に正方形

から正三角形を切り出す方法を紹介しよう。

市販の標準的な折り紙の 1 辺は 15 cm である。図 1.12 のように、その紙の上から 2 cm 幅の細長い長方形を切り落とした後に、その新しい上の辺の中点から下の 2 つの角に直線を引くと正三角形ができる。2 本の斜辺の長さを計算すると、

$$\left(\frac{15}{2}\right)^2 + 13^2 = \frac{225 + 4 \times 169}{4} = \frac{901}{4} \cong 15.00833^2$$

となり、底辺の 15 cm とほとんどぴったりと合ってしまう。このように、分度器も三角定規も使わずに物差しだけできわめて正確に正三角形を切り出すことができる。

先ほど切り出した正三角形は元の折り紙の 1 辺を利用したものだが、こんどは 1 枚の折り紙から切り出せる最大の正三角形をつくってみよう。図 1.13 を見てほしい。互いに対角の位置にある 2 つの角から 4 cm のところに印をつけて三角形を作図するだけでよい。左下から出ている 2 本の辺の長さと、それにはさまれたもう 1 辺の長さは図に示すように 3 桁の精度で一致しており、しかも正方形から切り出せる面積最大の正三角形が得られたことも明らかであろう。

折り紙の標準サイズがたまたま 15 cm であることがさいわいして、このようにきわめて精度の高い作図ができる。これは筆者が偶然発見したことなのだが、折り紙の世界や初等教育の場でもどんどん利用してほしいと思っている。

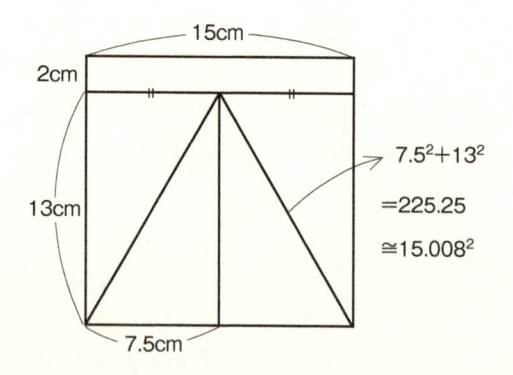

図 1.12 標準サイズの折り紙から切り出せる正三角形その1　正方形と同じ辺長のもの

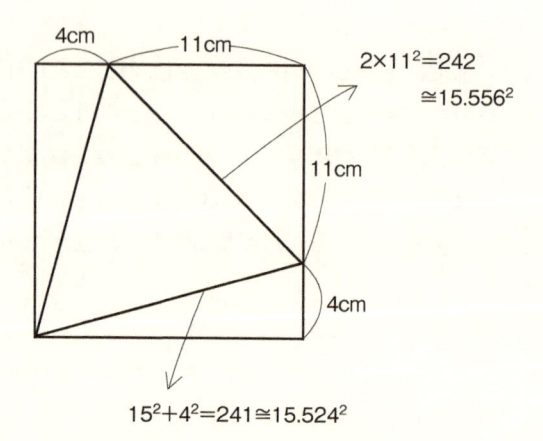

$7.5^2 + 13^2$
$= 225.25$
$\cong 15.008^2$

$2 \times 11^2 = 242$
$\cong 15.556^2$

$15^2 + 4^2 = 241 \cong 15.524^2$

図 1.13 標準サイズの折り紙から切り出せる正三角形その2　面積最大のもの

第1章 正三角形の不思議な性質

三角定規から正方形をつくる

本書の後半では、定番の三角定規にまつわる不思議な性質についてもいろいろ取り上げるが、正方形との相性にからめてひとつだけ紹介する。

45°の三角定規を4枚使えば正方形ができることくらいは誰でも知っているだろう（図1.14 (a)）。では、正方形と相性の悪い正三角形を半分にした60°の三角定規から正方形ができるだろうか。小さな正方形の穴の開いた正方形でもよければ、図1.14 (b) のようにできるではないか。

正三角形と正方形の相性については、もうひとつ面白い話題があるのだが、それは後のヘロンの三角形の章で紹介することにする。

ここまで、正三角形の性質についての話をいろいろとしてきたが、どちらかというと、正三角形は形がよすぎる、専門用語を使えば対称性が高すぎるので、三角形本来のもつ面白い性質がかえって見えにくくなっているという「う

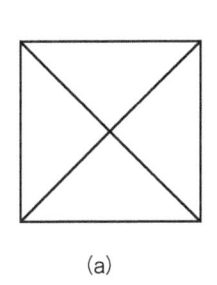

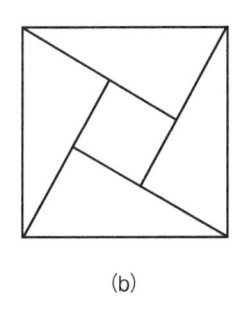

(a)　　　　　　　(b)

図1.14 (a) 45°の三角定規と、(b) 60°の三角定規から、正方形をつくる

らみ」がある。そこで、一気に対称性のいちばん低い、というより、最も平凡な不等辺三角形の不思議な性質を次の章で紹介することにしよう。

第 2 章
不等辺三角形の不思議な性質

正三角形の次は、あえてその正反対に位置する不等辺三角形を考えることにしたい。不等辺三角形とは、3辺の長さがそれぞれ異なる三角形をさす。すべての三角形から、正三角形と二等辺三角形を除いたもの、とも言える。

　この不等辺三角形には、端正な格好のよい正三角形にはない、面白く不思議な性質が隠されている。

　前の章で三角形の五心について簡単な説明をした。そのときに、正三角形では、重心、内心、外心、垂心の四心が一点に重なってしまうので面白いことはあまりないと書いた。不等辺三角形では、四心は全部違うところに散らばってしまうが、その中で大事な働きをするのが重心と内心である。そこで、まずこの二心についての面白い性質をいくつか紹介しよう。

三角形を6等分する方法

　正三角形の重心については第1章で取り上げた。あらためて、それを不等辺三角形 ABC について図 2.1 を使って説明してみる。

　△ABC が与えられたときに、各頂点から対辺の中央に線を引くと（中線）、それらは1点で交わり、それを重心 G と定義する。すると、

> 「3本の中線によって三角形は面積の等しい6個の三角形に分割される」

というのだ。

つまり、図 2.1 の 6 つの小三角形の面積は全部等しいのである。証明は以下のように簡単である。図にはすでに x という文字で示してあるが、△BLG と △CLG の面積は等しい。それは、底辺と高さが等しいからである。同様に、y と z という他の 2 組の関係も明らかである。

次に、大きな △BLA と △CLA の面積も等しい。これを次のような式で表すことができる。

$$x + 2z = x + 2y$$

これは、$y = z$ を意味している。△CMB と △AMB の面積も等しいので、同様に式に表すと、

$$y + 2x = y + 2z$$

これは、$x = z$ を意味している。したがって、この 2 つの式をまとめると、

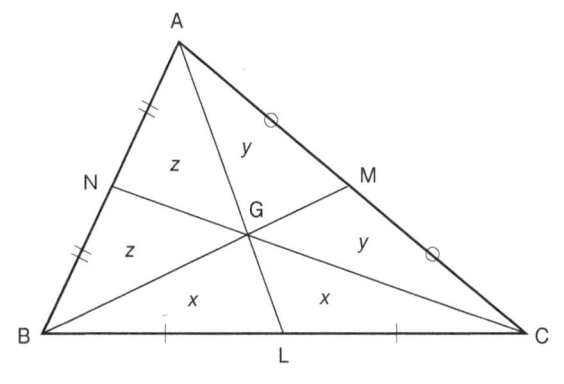

図 2.1 三角形の面積は 3 本の中線で 6 等分される

$$x=y=z$$

という関係があっという間に出てくるではないか。以上で証明終わり。

それがなんで面白いのかとか、何の役に立つのかと思う人が多いであろう。そこで△ABGと△GBLを比べてみると、両者の面積は2対1になっている。AGとGLを底辺としてみると、高さはどちらも共通だから、長さAG対GLは2対1になるではないか。つまり、△ABCの重心Gは中線ALだけでなく他の2本の中線も下から3分の1のところになっていることが、これで証明されたわけである。

この方法をちょっとひねると、三角形を簡単に7分割することができる。昔からよく知られていたことではあるが、あらためてここで紹介しよう。

三角形を7分割する──ラウスの定理

こんどは三角形の各辺を3等分して、各辺を2対1に分けてから、図2.2（a）のように3本の直線を引く。すると、その3本の直線は、図に示すように互いに等しい長さの2本の線分とそうでない線分とに分割しあう（証明は巻末A）。

結果的には、中央部分にできた三角形が元の三角形の7分の1の面積をもつのであるが、それを示すために、先ほどの仲間はずれの線分（長さが等しくない線分）を消して

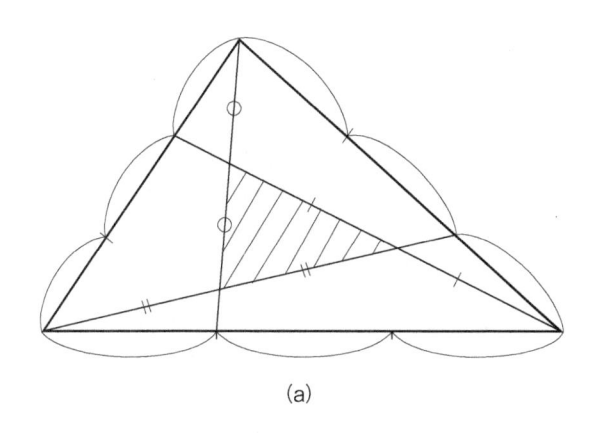

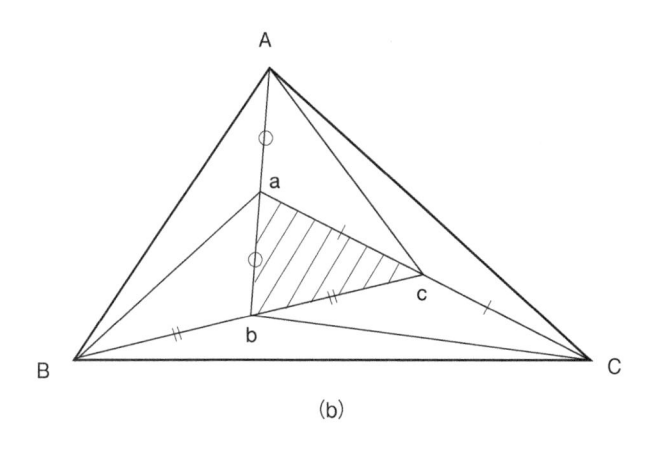

第 2 章 不等辺三角形の不思議な性質

図 2.2 三角形の 7 分割　(a) 各辺を 3 等分して 3 本の直線を引く
(b) 線を引き直すと 7 分割

から、図 2.2（b）のように新たに 3 本の線分を描き加える。すると、そこにできた 7 個の三角形は、互いに隣りあう三角形同士で、底辺と高さが等しい関係にあるので、面積は全部等しくなる。

結局元の三角形 ABC は、形はそれぞれ違うが、面積の等しい 7 個の三角形に分割されたのである。その真ん中に位置する小三角形 abc は、元の ABC に形はいちばん似ているが、残念ながら正三角形の場合以外は相似形にはならない。

この図 2.2（a）のような作図で三角形の 7 分の 1 の面積の三角形ができることを「ラウスの定理」という。

図 2.2（b）の切り方は、三角形のケーキを 7 等分する以外には使い道はないかもしれない。それはそれとして、この図を逆にたどっていけば、与えられた三角形 abc の 7 倍の面積の三角形 ABC を作図する方法が得られたことになる。

なお、3 辺の 3 等分点の間を図 2.3 のように結んでやると、中にできる三角形の面積はもとの三角形の 3 分の 1 になっている。

その証明はこうだ。図 2.4 のように、△ABC の 2 辺 AB と AC をそれぞれ 3 等分する。AG=2GC だから△ABG の面積は元の三角形 ABC の 3 分の 2 になっている。さらに、BD=2AD だから、△ADG の面積は△ABG の 3 分の 1 になっている。結局 $\frac{2}{3} \times \frac{1}{3} = \frac{2}{9}$ で、△ADG の面積は元の三角形の 9 分の 2 になる。まったく同

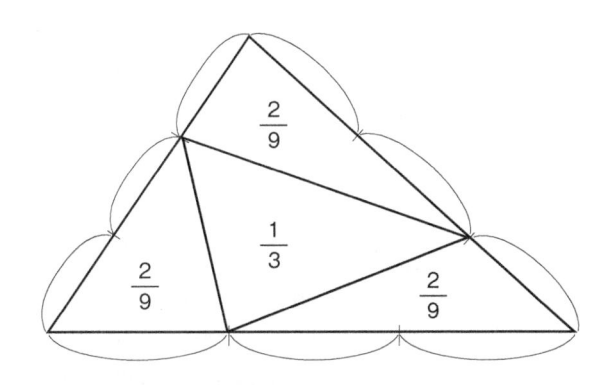

図 2.3 各辺の 3 等分点を利用して元の三角形の 3 分の 1 の面積の三角形を作図する

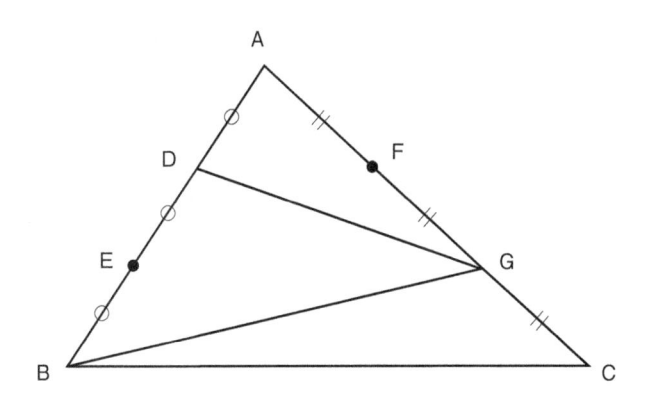

$$\triangle ABG = \frac{2}{3} \triangle ABC, \quad \triangle ADG = \frac{1}{3} \triangle ABG$$

$$\text{ゆえに} \quad \triangle ADG = \frac{2}{9} \triangle ABC$$

図 2.4 図 2.3 の証明

様にして、図2.3の角の3つの三角形の面積が元の三角形の9分の2になっていることがわかるから、残りの三角形の面積が、$1-3\times\dfrac{2}{9}=\dfrac{1}{3}$という計算から、3分の1ということが証明される。

　三角形を何分の1かの面積に分割することはここまでにして、与えられた三角形と相似で、辺の長さが何分の1かの小三角形、つまり分身を作図する方法を考えてみよう。

　最も簡単なやり方は、図2.5のように、各辺を2等分、3等分、n等分してから各辺に平行線を引いて、4、9、n^2分割することである。しかしこれでは少しも面白くない。なお、各辺の長さが元の三角形の辺の長さのn分の1になっている三角形をn分の1の分身と呼ぶことにする。図2.5の (a)、(b)、(c) にある小さな三角形たちは、それぞれ、2分の1、3分の1、n分の1の分身ということになる。

　今、三角形のこの分割が面白くないと言ってしまったが、数学的には大事なことなので、一言説明をしておかなければならない。図2.5は、ある与えられた三角形の分割を考えたのだが、逆に、ある三角形が与えられたときに、それと合同な三角形を図2.5 (c) のように無数につなげていけば、無限に広い平面を隙間なく規則的に埋めつくすことができる。このことを、「任意の三角形は、それのみで平面のタイリングが可能である」と、数学的に格好をつけて言うことができるのだ。タイリングとは、タイルのように隙間なく図形を並べることを言う。このタイリングの問

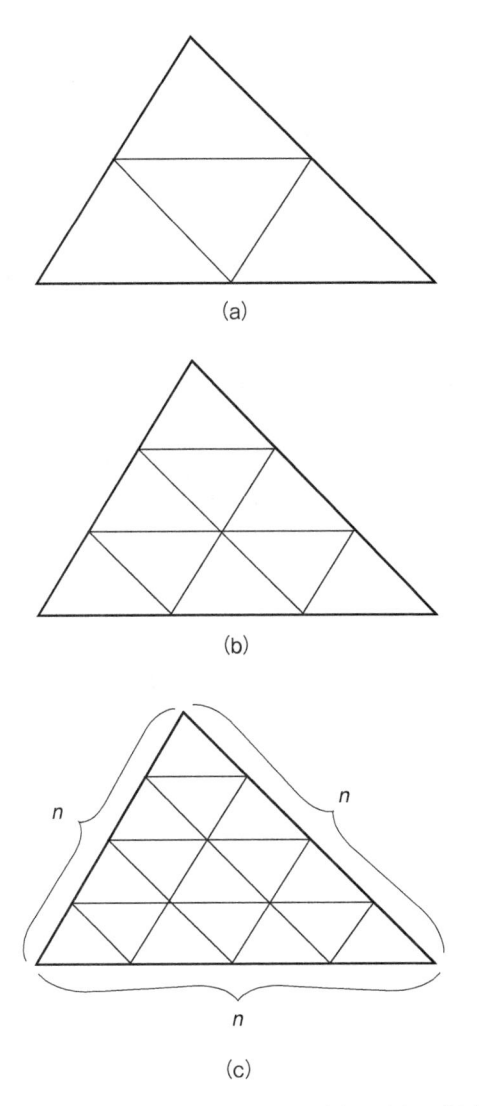

図 2.5 最も平凡な三角形の相似である、4(a)、9(b)、n^2(c) 分割

題は、第5章と第7章で詳しく扱うことになっているので、頭の隅に入れておいてほしい。

さて、この章の本題に戻ろう。以下に紹介するのは、三角形の分身の術である。

三角形の $\frac{1}{2}$、$\frac{1}{3}$、$\frac{1}{6}$ の分身をつくる

図2.1のように6分割された三角形をうまく利用すると、各辺の長さが元の三角形の $\frac{1}{2}$、$\frac{1}{3}$、$\frac{1}{6}$ の分身が簡単に作図できる。

図2.6(a)には図2.1と同じ△ABCと3本の中線の他に、分割された6個の小さい三角形の重心PからUまでを打ってある。これらの重心は、先ほどの△ABCの重心を求めたのと同じことをやれば簡単に求められる。中線を2本ずつ引かなくても、1本の中線を2対1に分割することでも重心の位置は求められる。

まず、2点RとSを結ぶと、それが元の三角形の底辺BCと平行になることがわかるだろう。さらに、その長さRSはBCのちょうど3分の1になっている。同様に、2点QとTを結ぶと、それもBCと平行になっていて、長さQTはBCのちょうど半分になっている（証明は後述）。

この点Qから点Pまで直線を引き、さらに中線AKにぶつかるまで線を延ばし、ぶつかった点をWとする。同

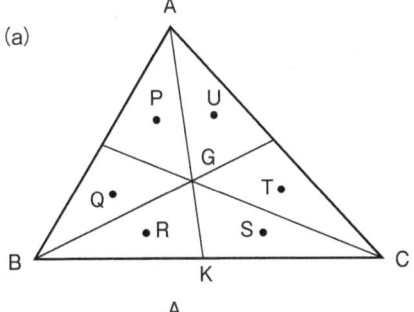

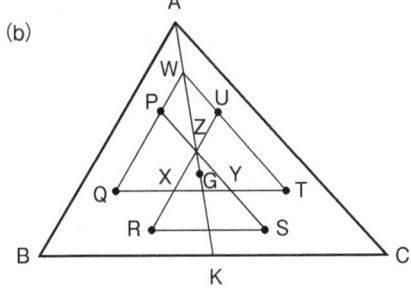

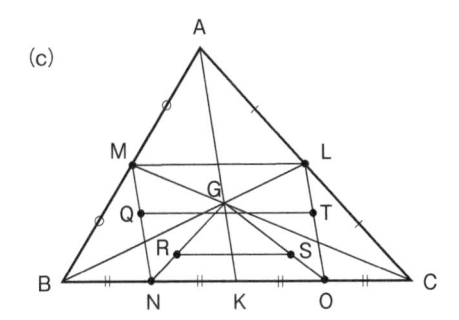

図 2.6 (a) 三角形の重心Gと6分割されてできた小三角形の重心P〜U
(b) P〜Uを利用してできる、各辺の長さが $\frac{1}{2}$、$\frac{1}{3}$、$\frac{1}{6}$ の分身三角形
(c) $QT = \frac{BC}{2}$ と $RS = \frac{BC}{3}$ の証明

じように、点Tから点Uまで、さらに線を延長するとさっきの点Wにぶつかる。こうして得られた△WQTは、各辺の長さが元の三角形のちょうど$\frac{1}{2}$の分身三角形になっているのだ。その3辺は元の三角形の各辺と平行になっているから、△WQTはもちろん△ABCに相似である。

次に、RとU、SとPを結ぶと、どちらも中線AK上の1点Zを通ることがわかる（図2.6（b））。なお、RUとSPは、直線QTとそれぞれXとYで交差する。その結果得られた△ZRS、△PQYと△UXTの3つは、△ABCのちょうど$\frac{1}{3}$の分身になっている。さらに、これら3つの三角形の交わりでできた△ZXYは$\frac{1}{6}$の分身になっている。

ここで、QT=$\frac{BC}{2}$の証明をしておこう。図2.6（c）のように、△ABCの3辺の中点K、L、MとBK、KCの中点NとOを打つ。そうしてできる平行四辺形LMNOをながめると、点QとTが、それぞれ辺MNとLO上のどこかにあって、しかもQTがBCに平行であることは自明だ。すなわち、QT=ML=$\frac{BC}{2}$ではないか。また△GNOを描けば、点RとSがその辺上にあって、RS=$\frac{BC}{3}$になることも証明できる。

第2章 不等辺三角形の不思議な性質

三角形の$\frac{1}{4}$と$\frac{1}{5}$の分身をつくる

こんどは図2.7のように各頂点からその対辺の3分の1の点を全部、合計6本結んでしまう。その結果たくさんの交点ができるが、それらを結ぶことによって△ABCの各辺に平行な線もたくさん引かれる。そこで、注意深くその平行線を選ぶことによって、△ABCと相似の三角形を、正立と倒立の2個描くことができる。うまい具合に、その正立のものが$\frac{1}{4}$で、倒立のものが$\frac{1}{5}$の分身になっているのだ（この証明にはいくつかの計算が必要なので巻末Bに記載した）。

これに味を占めて、各辺を4等分以上に細かく分けて同じような作図をすると、ここに紹介した以外のいろいろな縮尺の三角形の分身を得ることができる。たとえば図2.8

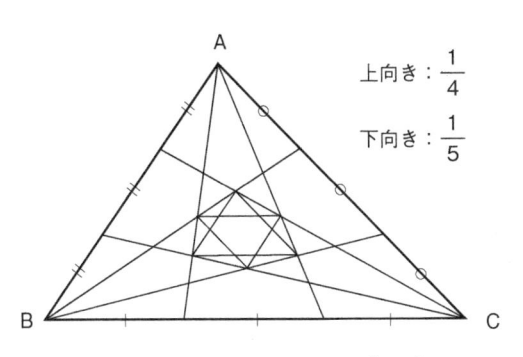

図2.7 三角形の各辺を3等分してできる$\frac{1}{4}$と$\frac{1}{5}$の分身三角形

43

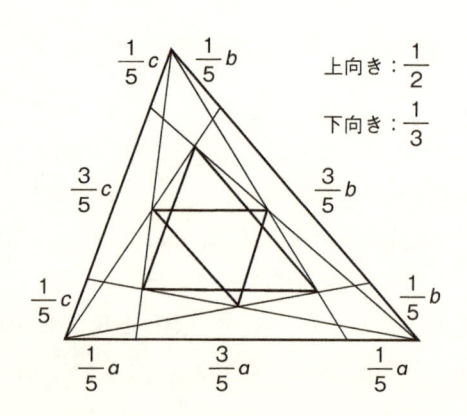

図 2.8 三角形の各辺を 1 : 3 : 1 に分割すると $\frac{1}{2}$ と $\frac{1}{3}$ の分身三角形ができる

のように、3 辺をそれぞれ 1 : 3 : 1 に分割すると、正立の $\frac{1}{2}$ と倒立の $\frac{1}{3}$ の相似三角形ができる。しつこくなるのでこのへんで止めておくが、興味のある人は、巻末 B を参考にして他の比率についても挑戦してみてほしい。

次に不等辺三角形の内心についての話をいくつか紹介したいのだが、その前にひとつだけ、垂心と垂線の足を利用して三角形の分身の作図ができることを図 2.9 に示しておこう。この場合、描かれた角の 3 つの分身はいずれも元の三角形とは裏返しで、かつ違う向きをしている。それに関しては、3 角と等しい角にそれぞれ別の記号をつけてあるので、確認してみてほしい。

第2章 不等辺三角形の不思議な性質

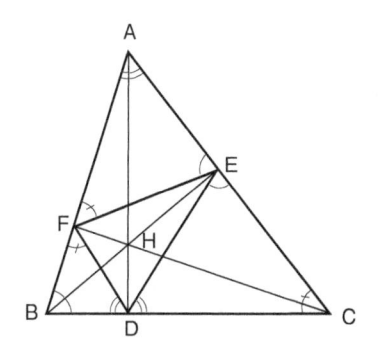

図 2.9 三角形の3本の垂線の足を結ぶと大きさの違う裏返し分身が3個できる

内心と内接円の不思議

　これまでは、三角形の各辺を何等分かしてできる図形を探したが、こんどは3つの角を何等分かすることを考えよう。

　第1章で正三角形を例にして内心を説明したが、そこでは重心と重なってしまうので、内心の面白みも大事さもわからなかった。そこで対称性のいちばん低い不等辺三角形ABCについてその内心Iと内接円を図2.10に示した。

　図の内接円は、3辺a、b、cとそれぞれ、点D、E、Fで接している。内心そのものは、3角A、B、Cをそれぞれ2等分する線の交わった場所である。これだけの条件から、接点D、E、Fが頂点A、B、Cからどれだけの距離にあるかを求めるのは難しいように思える。なお、その距離x、y、zのことを「切片」という。

ところが、「案ずるより産むがやすし」の伝で、以下のように簡単に、しかもきれいな形の結果が得られるのである。求めたい長さを、図2.10のようにx、y、zとおいてみると、

$$x + y = c$$
$$y + z = a$$
$$z + x = b$$

という連立方程式が得られる。

このとき、まず3式の両辺を全部足してみると、

$$2(x + y + z) = a + b + c$$

となる。そこで

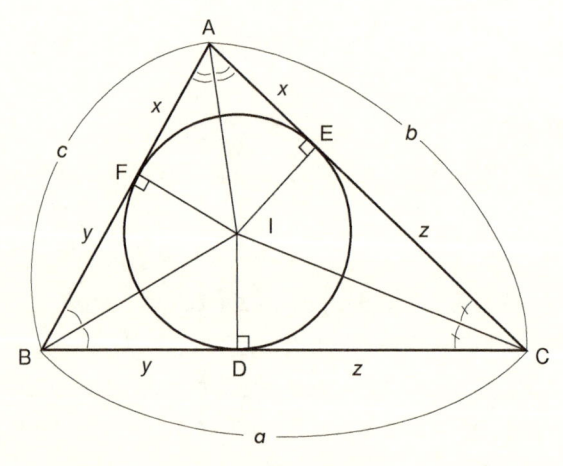

$x = s - a, \quad y = s - b, \quad z = s - c$

図 2.10 三角形の内心、内接円、および各切片の関係

第2章　不等辺三角形の不思議な性質

$$\frac{a+b+c}{2}=s$$

とおいてみる。この s は三角形の3辺の和の半分で、「半周長」と呼ぶ。このあとの章でも登場するので、頭の片隅にいれておいてほしい。

さて、この半周長 s を使うと、$x+y+z=s$ だから、

$$x=s-(y+z)、$$
ゆえに、　$x=s-a$、
同様に　$y=s-b$、$z=s-c$

という結果が得られるのである。

すなわち、内接円の切片は3辺 a、b、c から簡単に求まる。あとで役に立つので、覚えておいてもらいたい。

先ほどは傍心の重要性には触れなかったが、3つの傍心は内心と深い関係にある。図2.11の三角形は、3辺の長さの比が7：5：8の不等辺三角形で、通称「名古屋（= 758）」という名前で知られている。この三角形は、3辺が簡単な整数だが、ひとつの角がぴったり 60° という面白い奴だ。今後もときどき顔を出すので、どうぞお見知りおきを。

図では、この三角形を例にして、その内心、3つの傍心、およびそれらが3本の直線に接する点に至る円の半径が描いてある。上で計算した3つの切片、

$$x=2、y=5、z=3$$

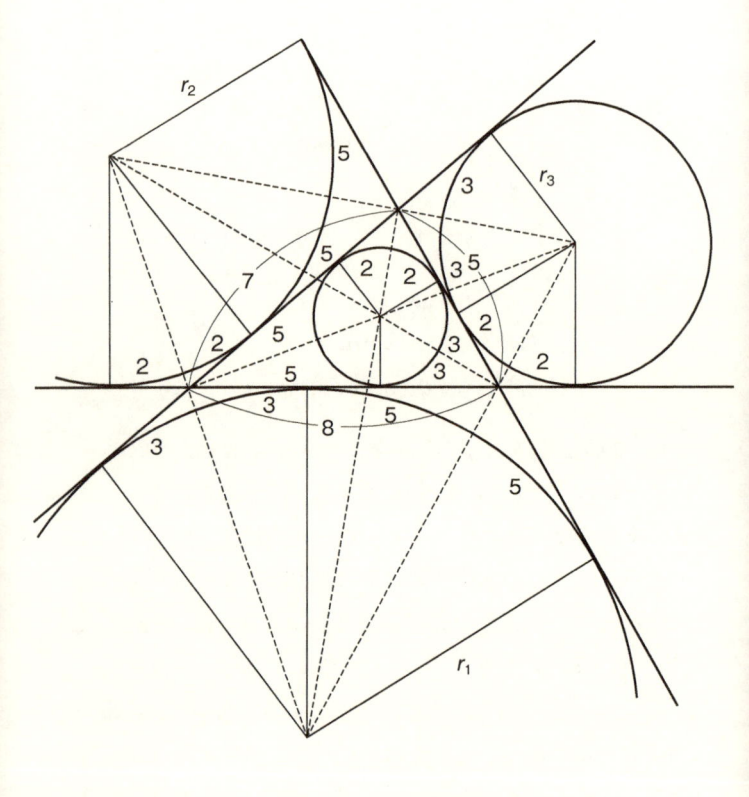

$a=8, b=5, c=7$
$s=10$
$s-a=2$
$s-b=5$
$s-c=3$

図 2.11 三角形「名古屋」の内心、傍心、内接円、傍接円。切片の長さは三角形の3辺と半周長から容易に求まる

48

第2章 不等辺三角形の不思議な性質

があちこちに顔を出している。傍心については、教科書でもあまり詳しく説明されていないが、この図を見てばっちり理解してほしい。

モーリーの三角形

　先ほどは、対辺の中点を使った作図を、対辺の3等分点などに拡張したら面白い結果が得られた。そこで「二匹目のどじょう」をねらって、角の2等分線の話を3等分線に広げてみよう。それが図 2.12 で、じつは「モーリーの三角形」という名前までついてすでに知られていることだった。

　この図で明らかなように、どんな三角形からも正三角形が作図されるのだ。しかし、こんなに簡単な定理ではあるが、19世紀の終わりになってやっと発見されたということも不思議である。それは、今日ユークリッド幾何学と呼

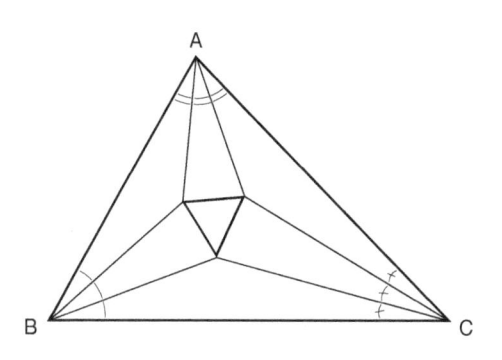

図 2.12 3角を3等分して得られるモーリーの三角形

ばれている数学の体系が、2000年以上も前にギリシャでつくられた頃から、「任意の角を、コンパスと定規だけで正確に3等分することは不可能」ということが知られていたために、角の3等分は一種のタブーであったからなのかもしれない。

それはともかく、この定理の証明はきわめて難しい。現代の有名な数学者が何人も、この定理のスマートな証明に挑戦しているくらいなのだ。その結果、与えられた三角形から内側へ攻め込んでそこに正三角形ができることを証明するという正攻法よりは、初めに正三角形を置いて、そのまわりに三角形を組み上げて大きな三角形をつくろうとしたときに、矛盾なくできるのは、その大きな三角形の各角が3等分されるときだけだ、という逆向きの論法のほうがスマートにいくことは確かなようである。

頂角の2等分で内心、3等分でモーリーの定理が出てきたのだから、次に4等分でも何かが出てくるのではないかということになるが、それについては研究者の間でもまだ詳しく検討されていないようである。意外に宝の山が眠っているのかもしれない。

この章の最後に、三角形とその中に打たれた任意の点、および、三角形の外側に引かれた任意の直線から生じる図形の面白い関係を説明しよう。

チェバの定理

チェバの定理とメネラウスの定理というのがある。いずれも、三角形のもつ不思議な性質を表した美しい定理なので紹介しよう。

まず、図 2.13 のように △ABC の内部に勝手に点 P を打つ。次に、各頂点から P 点まで線を引き、さらにそれを延長して対辺にぶつかった点を、それぞれ X、Y、Z とする。この図形に対して次のような等式が成り立つ。左辺は図 2.13 の三角形の周囲の太線で描いた切片を選んで掛け合わせ、右辺は残りの切片を掛け合わせたものである。

$$AZ \cdot BX \cdot CY = AY \cdot BZ \cdot CX \quad (チェバの定理)$$

あるいは次のように書くことも多い。

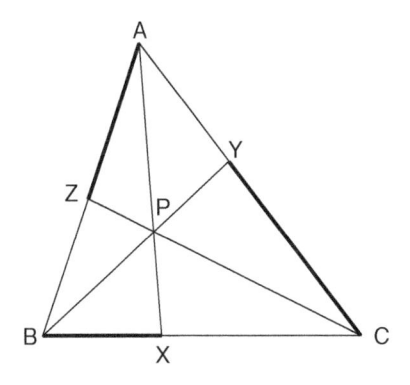

AZ・BX・CY＝AY・BZ・CX

図 2.13 チェバの定理

$$\frac{AZ \cdot BX \cdot CY}{AY \cdot BZ \cdot CX} = 1$$

　これは17世紀から18世紀にかけてイタリアで活躍した数学者の名前をとって「チェバの定理」と呼ばれている。そこで、チェバの定理をみんなに親しんでもらうために、3辺が整数で、その分割も全部整数になる例をいくつか紹介することにしよう。

　最初の例は、図2.11に出てきた「名古屋」君である。図2.14の4つの図のように各辺を分割すると、チェバの定理を具体的に実感することができる。

　もちろん、点Pはどこにあってもチェバの定理は成り立つのだが、この図以外の他の場所にPを選んだのでは、辺の分割が半端な数になってしまう。

　「名古屋」のように、3辺の長さの比が整数になる三角形をとくに整数三角形という。そこでパズル的に、他の整数三角形についてあれこれ試すと、図2.15のような例がいくつも見つかる。決まった手順はないので、読者も定規と鉛筆を使っていろいろ試してみることをおすすめする。

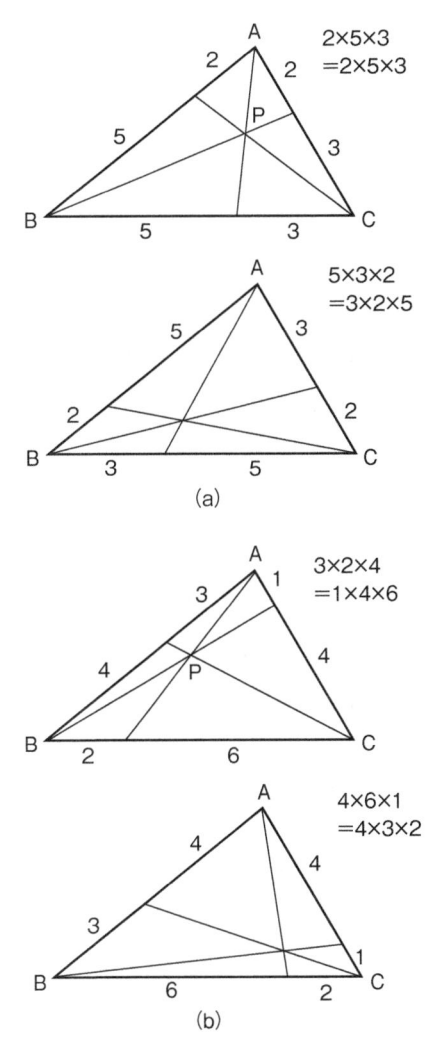

第2章 不等辺三角形の不思議な性質

図 2.14 切片が全部整数になるチェバの定理の例。「名古屋」の三角形で、AZ・BX・CY が (a) 30、(b) 24 の場合

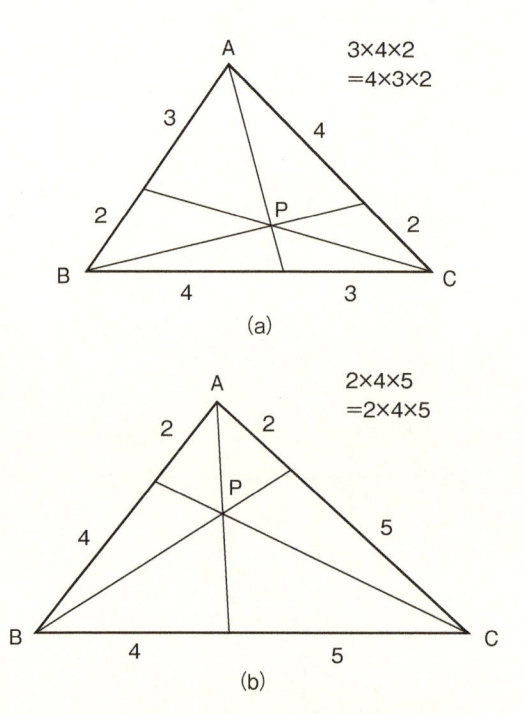

図 2.15 チェバの定理の整数分割の他の例

メネラウスの定理

次に図2.16のように、△ABCの外側に直線を引き、辺a、b、cの延長線と交わった点をそれぞれX、Y、Zとする。すると、チェバの定理とまったく同じ式が成り立つ、というのがメネラウスの定理である。メネラウスは、今からちょうど2000年ほど前にギリシャで活躍した数学者である。この場合、頂点A、B、Cを反時計方向に選ん

第2章 不等辺三角形の不思議な性質

だら、X、Y、Zはそれと逆向きに選ぶように気をつけること。

この図では「名古屋」についての整数分割の一例を示した。他の整数三角形についてのメネラウスの定理の整数分割も試してみてほしい。

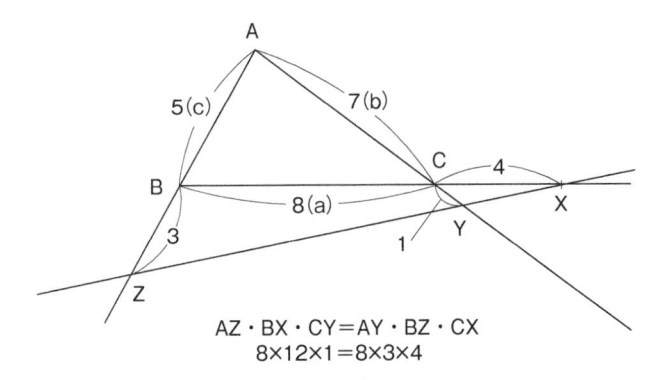

$$AZ \cdot BX \cdot CY = AY \cdot BZ \cdot CX$$
$$8 \times 12 \times 1 = 8 \times 3 \times 4$$

図 2.16 メネラウスの定理。「名古屋」の整数分割になっている

第 3 章
ピタゴラスの三角形

この第3章と第4章では、3辺の長さがともに整数となる整数三角形を主人公にすえて三角形の不思議に迫る。最後のほうにちょっぴりルートが出てくるが、こわがらずに安心してついてきてほしい。

ピタゴラスの定理

> 「直角三角形の直角をはさむ2辺の長さの平方の和は、斜辺の長さの平方に等しい」

というのがピタゴラスの定理である。「そんなことはとっくに知っている」という読者が大多数であろうと思う。しかし、「その証明をしてごらん」と言われると、たいていの人はビビってしまうかもしれない。じつは、この定理の証明は100以上もあるらしく、それだけを集めた本も内外で出ているのだ。

そこで、ここでは2通りの証明を紹介しよう。

ピタゴラスの定理の証明その1

最初に紹介するのが、12世紀にインドで活躍したバスカラ2世という数学者が、図だけ示して「見よ」と言ったといわれる証明である。

図3.1(a)には、小さな正方形のまわりを4つの合同な直角三角形が取り囲んで、大きな正方形ができている。その1辺をcとし（それが直角三角形の斜辺にあたる）、直

角をはさむ2辺（これを「足」と言う）の長さは a と b とする。このとき、短いほうを a としよう。この大きな正方形の面積は c^2 であるが、それを構成する5つの図形を図3.1 (b) のように並べ替えることができる。その中に引かれた破線で、全体が2つの正方形に分かれる。左側の1辺は a で、右側の1辺は b となっている。そうすると、図3.1 (b) の図形の面積は a^2+b^2 となる。つまり、この2つの図を見ただけで、

$$a^2+b^2=c^2 \quad (ピタゴラスの定理)$$

が証明されたわけである。

この図3.1には a、b、c という文字が書き込まれてあるが、バスカラ2世は何も書き込まれていない図だけ示して「見よ」と言ったらしい。見る人が見ればわかるわけである。

なお、19世紀に我が国で発刊された『算法新書』という本にも同じ証明が載っている。しかしその由来は書かれていないので、和算家が独自にこの証明を考えたのかどうかは残念ながらわからない。

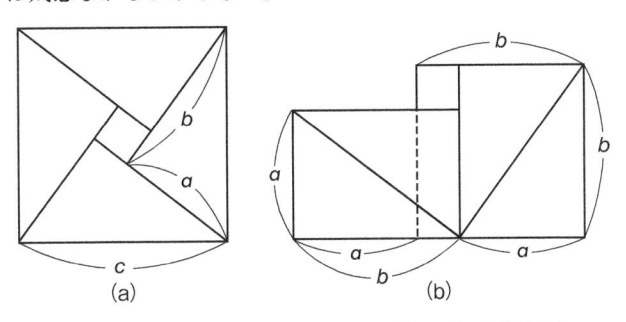

図 3.1 バスカラ2世のピタゴラスの定理の証明「見よ」

ピタゴラスの定理の証明その2

次の式を見てほしい。

$$(a+b)^2 = a^2 + 2ab + b^2$$

中学校で習う展開の公式なので、覚えている人も多いだろう。高校数学では少し難しく「二項定理」と言ったりする。二項定理とは2つの項aとbを用いた$(a+b)^n$の展開の公式だ。上の式はこの二項定理の$n=2$の場合、ということになる。

この式は図3.2（a）のように表すこともできる。1辺が$a+b$の正方形の面積は、1辺がaとbの2つの正方形、および、2辺がaとbの長方形2個分の面積の和に等しいことから、上の式の正しいことがわかる。

次に図3.2（b）を見てほしい。直角三角形の2本の足aとbを延長して、1辺が$a+b$の正方形を描き、その中に斜辺cを1辺とする正方形（面積c^2）と、四つの合同な直角三角形（面積$\frac{ab}{2}$）を描くと

$$\begin{aligned}
(a+b)^2 &= a^2 + 2ab + b^2 \quad &\text{(二項定理)} \\
&= c^2 + 4\left(\frac{ab}{2}\right) \quad &\text{(この図から)} \\
&= c^2 + 2ab
\end{aligned}$$

ゆえに $a^2 + b^2 = c^2$

のようにして、この図からもピタゴラスの定理の証明が得

(a)

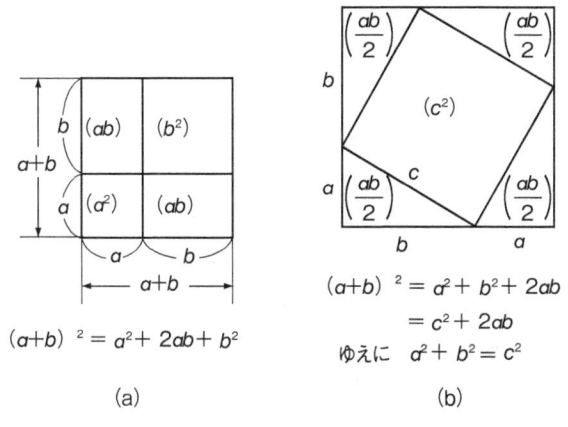

(b)

図 3.2 二項定理（a）とピタゴラスの定理（b）の図式的証明

られたわけである。

ピタゴラスの三角形はいくつある？

　ピタゴラスの定理が成り立つ三角形のうち、各辺が整数の直角三角形をとくに「ピタゴラスの三角形」と呼ぶ。その最小かつ最も代表的なものは、ご存知の通り、3辺の長さがそれぞれ3、4、5のものだ。これを（3, 4, 5）と表すことにしよう。以降は、三角形を表すために、このように3辺の長さをカッコでくくって表記することにする。

　さて「元祖」とも言える（3, 4, 5）を2倍、3倍すると、（6, 8, 10）、（9, 12, 15）などのピタゴラスの三角形が無数にできるが、これらは、「割り算をしてもっと小さいものに縮められる」という意味で「可約」であるという。反対

に、これ以上小さくならない（3, 4, 5）などは「既約」であるという。（3, 4, 5）以外の既約なピタゴラスの三角形には、（5, 12, 13）、（15, 8, 17）、（21, 20, 29）などがある。

さて、2000年以上も前のギリシャの数学者たちは、次の一般式ですべての既約なピタゴラスの三角形が表される、ということを知っていた。

$(m^2-n^2, 2mn, m^2+n^2)$　　（ピタゴラスの公式）

m、nは任意の正の整数で、ただし$m>n$である。

じつは、それよりさらに1500年以上も前、つまり今から4000年も前のバビロニアでも、このことが知られていたという状況証拠が残っている。しかし、ここではそういう歴史的なことには深入りしないことにする。

上のmとnの式は、[m, n]という2つの整数の組でピタゴラスの三角形の3辺の長さを表すことができる、ということを表している。たとえば（3, 4, 5）という元祖は、$m=2$と$n=1$の組で表せる。ためしに代入してみると、

$$m^2 - n^2 = 3$$
$$2mn = 4$$
$$m^2 + n^2 = 5$$

となるので、たしかに（3, 4, 5）である。

これを、記号的に

$$[2, 1] \Leftrightarrow (3, 4, 5)$$

と書くことにしよう。すると、ほかのピタゴラスの三角形も、

$2[2, 1] \Leftrightarrow (6, 8, 10)$、$3[2, 1] \Leftrightarrow (9, 12, 15)$

とか、

$[3, 2] \Leftrightarrow (5, 12, 13)$、$[4, 1] \Leftrightarrow (15, 8, 17)$、
$[5, 2] \Leftrightarrow (21, 20, 29)$

のように書くことができて、整理しやすくなる。

ただし、ここで注意しておきたいのが、公式によってすべての既約なピタゴラスの三角形を表すことができるとはいっても、どのような m、n の組み合わせでも既約なピタゴラスの三角形ができあがるわけではない、ということだ。

たとえば2つの奇数のペアである $[5, 3]$ に対応する三角形は $(16, 30, 34)$ であり、これは $(8, 15, 17)$ という既約なピタゴラスの三角形を2倍にした可約の組み合わせである。同様に、$[m, n]$ が偶数同士でも可約になってしまう。ためしに、いくつか思いつく偶数のペアで計算してみるとよいだろう。

既約なピタゴラスの条件

さて、ここからは既約なピタゴラスの三角形を表す正の整数 $[m, n]$ のペアだけを考えてみる。縦軸に n、横軸に m をとって方眼紙にこのペアをプロットすると、図3.3の

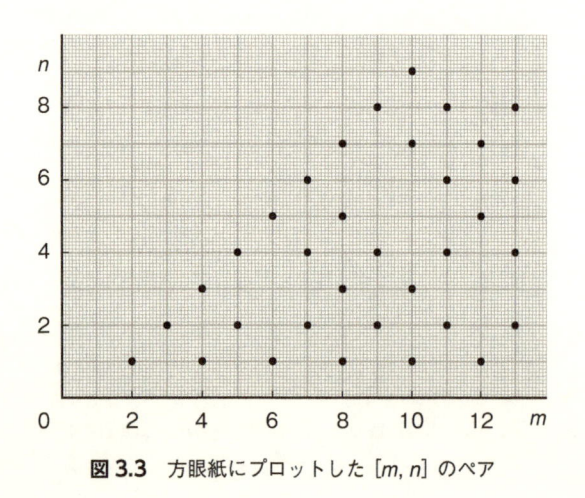

図 3.3 方眼紙にプロットした $[m, n]$ のペア

ような黒い点の集合が得られる。元祖の (3, 4, 5) は [2, 1] の黒い点で表されている。(5, 12, 13) の三角形は [3, 2] の黒い点になる。

さて、ここでプロットした点を水平と斜めの線で結んでみる（図 3.4）。すると、[6, 3] のように、線が交わっていても点がプロットされていないところがある。これは対応する (27, 36, 45) が既約の三角形にならない組み合わせだ。そこで、既約の組み合わせと区別するために白い点で表しておく。あとでわかってくるが、この平行線群を引いたのは、白い点も含めてこれらの点の間の関係をわかりやすくするためである。

この図の描かれた平面を仮に $[m, n]$ - 平面と呼ぼう。すべての点が、左手の親指と人差し指でつくった 45° の角の中にあるということは、m と n はいずれも正で、かつ

第3章 ピタゴラスの三角形

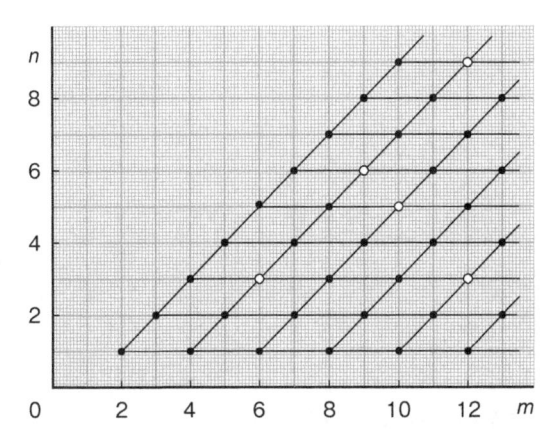

図 3.4 既約なピタゴラスの三角形を表す整数 $[m, n]$ のペア（黒い点）

m が n より大きいということを意味している。そして、その中で白い点も含めて黒い点が飛び飛びに並んでいるということは、m が偶数のときは n は奇数で、逆に m が奇数のときは n は偶数であるということを示している。数学者はこのことを、「m と n の偶奇性が異なる」という難しいが簡潔な言い方ですませてしまう。

この図で、$[6, 3]$ のようなぽつんぽつんとした白丸は、先ほど述べたように可約の場合の組み合わせだ。そこで、これらの点を拾ってみると、

$[6, 3]$、$[9, 6]$、$[10, 5]$、$[12, 3]$、$[12, 9]$、…、

となる。これらは m と n が共通の約数をもつ点ではないか。

ということで、次のような定理が成り立つことがわかっ

た。

> 「偶奇性が異なり、互いに素な2つの整数(ただし$m > n > 0$)から
> $$(m^2 - n^2,\ 2mn,\ m^2 + n^2)$$
> という既約なピタゴラスの三角形ができる」

「互いに素」というのは、お互いを割ることができる共通の整数をもたない、ということである。なお、当たり前のことではあるが、上のようにmとnで書かれたピタゴラスの三角形の3辺(a, b, c)の間には、確かに

$$\underset{\downarrow}{a^2} \qquad \underset{\downarrow}{b^2} \qquad \underset{\downarrow}{c^2}$$
$$(m^2 - n^2)^2 + (2mn)^2 = (m^2 + n^2)^2$$

というピタゴラスの定理が成立している。

ピタゴラスの三角形を分類する

ピタゴラスの三角形が$[m, n]$の組み合わせですべて表せる、というのはそれだけでも便利だが、じつはもっと面白い効用がある。この$[m, n]$で表すことによって、ピタゴラスの三角形をある決まりで整然とグループ分けすることができるのだ。いわば、ピタゴラスの三角形の戸籍づくりである。

直角三角形の3辺の中で、直角をはさむ2辺を足と呼ぶことはすでに述べたが、この2つの足と斜辺の長さには次

のような性質があることがわかっている。

> 「既約のピタゴラスの三角形の片方の足の$b=2mn$は偶数（実は必ず4の倍数）、
> もう一方の足$a=m^2-n^2$は奇数で、斜辺$c=m^2+n^2$も奇数になっている」

これは、mとnの偶奇性から容易に導かれる。

足bについては、m、nのいずれかが偶数だからmnは偶数で、さらにそれに2を掛けているので4の倍数になる。

足aについては、偶数の2乗は偶数、奇数の2乗は奇数であるから、m^2-n^2は「偶数−奇数」か「奇数−偶数」のいずれかになって、答えはどちらも奇数である。

斜辺cも同様で、m^2+n^2は「偶数＋奇数」か「奇数＋偶数」になり、いずれの場合も答えは奇数であることがわかる。

さて、この性質がわかったところで、図3.5を見てほしい。図には、L1、L2、L3や、M1、M2、M3という記号が書かれているが、これはピタゴラスの三角形の大家族の中のグループ名である。

この番号は彼らの戸籍を表す番地と考えてもよい。たとえば、[8, 5]の三角形、つまり(39, 80, 89)の戸籍は、その点から出ていく矢印をたどることによって(L2, M5)と書くことができる。もちろん、元祖(3, 4, 5)の戸籍は(L1, M1)となる。LとMの後の数字がどうして決まるかは次に説明する。

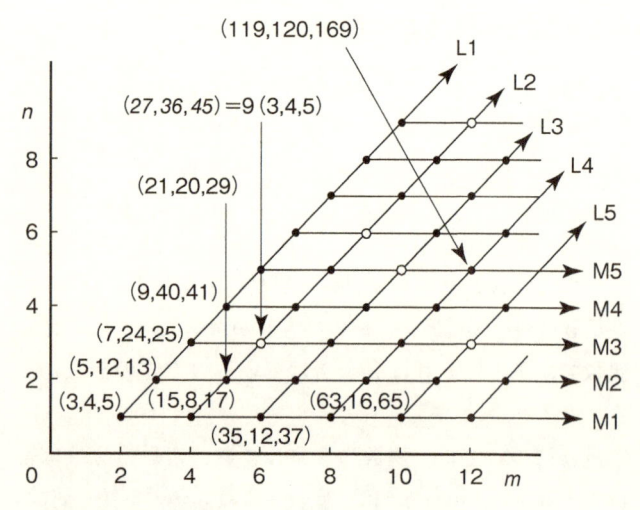

図 3.5 既約なピタゴラスの三角形を表す整数 $[m, n]$ のペア

なお、この大家族というのは、基本的には既約のものが中心であるが、一部可約のものも仲間に加えてあることに注意してほしい。例の白い点の一族だ。

ピタゴラスの戸籍を決める

では、ピタゴラスの三角形の戸籍を表す L と M の後の数字がどのように決まるのか、種明かしをしよう。

一般に、斜辺の c から「偶数足」b を引くと、

$$c - b = (m^2 + n^2) - 2mn = (m - n)^2$$

のように平方数になる。しかも m と n の偶奇性が違うことから、この差は必ず奇数の 2 乗になっている。そこで、

$c-b=1$、つまり斜辺が「偶数足」より 1 だけ大きいものをグループとしてまとめることができる。これが L1 グループだ。その中の小さいもののいくつかを表 3.1 に示した。

上の式からわかるように、$c-b$ が 1 の次に取れる値は 3 の 2 乗で 9 となる。これが L2 グループであり、その次の L3 グループでは $c-b=5^2=25$ となっている。これらのグループの中の小さいものも表 3.1 に示してある。

表 3.1 ピタゴラスの三角形の L1、L2、L3 グループ

	a b c [m, n]	a b c [m, n]	a b c [m, n]	a b c [m, n]
L1	3 4 5 [2, 1]	5 12 13 [3, 2]	7 24 25 [4, 3]	9 40 41 [5, 4]
L2	15 8 17 [4, 1]	21 20 29 [5, 2]	*27 36 45* *[6, 3]*	33 56 65 [7, 4]
L3	35 12 37 [6, 1]	45 28 53 [7, 2]	55 48 73 [8, 3]	65 72 97 [9, 4]

表 3.1 には $[m, n]$ の値も書いてあるから、それらを見てほしい。すると、L1 グループは、$[2, 1]$、$[3, 2]$、$[4, 3]$、…、つまり、$[n+1, n]$ という連中の集まりであることがわかる。次の L2 グループは、$[4, 1]$、$[5, 2]$、$[6, 3]$、…、つまり、$[n+3, n]$ という連中の集まりだが、3 番目の $[6, 3] = (27, 36, 45) = 9(3, 4, 5)$ は可約のまぎれ者である。それで、それらは斜体で記して既約と区別してある。図 3.5 の中では白い点になっている。

次のL3グループは、[6, 1]、[7, 2]、[8, 3]、…、つまり、[n+5, n]という連中の集まりである。なお表3.1には顔を出していないが、[9, 4]の次に[10, 5]というお客さんが来ることを忘れないでほしい。

このようにして、$c-b$の平方根が$m-n$になるから、どんなピタゴラスの三角形も必ずLの何グループに属するかすぐに決まる。あえて式で書けば、$\dfrac{m-n+1}{2}$の値がLのグループ番号になっている。

図3.5でわかるように、[m, n]のどの点も、Lと同時にMのどこかのグループにも属している。そのことを説明しよう。こんどは斜辺と「奇数足」の差、すなわち、$c-a$の値によるグループ分けである。

$$c-a = (m^2+n^2) - (m^2-n^2) = 2n^2$$

であるから、これは必ず平方数の2倍という値をとる。$n=1, 2, 3,\cdots$と増やしていくと、$c-a$は2, 8, 18,…という具合に増えていくことがわかる。このときのnによるグループ分けを表したのがMである。

表3.2にはM1、M2、M3、M4の4グループに属するピタゴラスの三角形の小さいものを示してある。これまでの説明は数字だけだったので、実感がわくように、これらのピタゴラスの三角形のグループ分けを図3.6にまとめて示した。

第3章 ピタゴラスの三角形

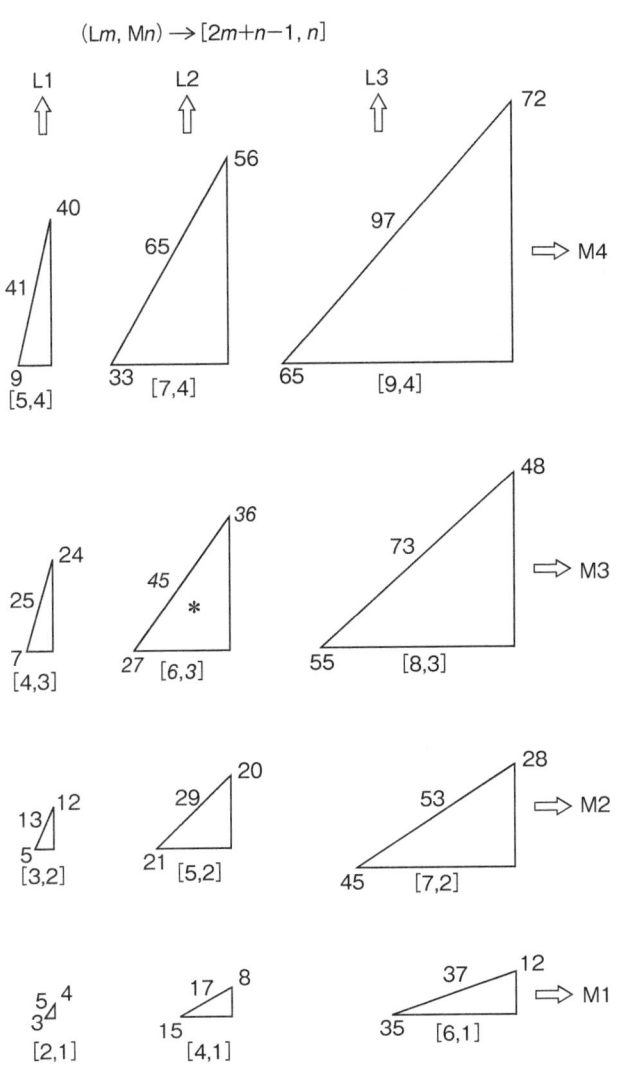

$(Lm, Mn) \rightarrow [2m+n-1, n]$

図 3.6 グループ分けしたピタゴラスの三角形

表 3.2 ピタゴラスの三角形の M1、M2、M3、M4 グループ

	a b c [m, n]	a b c [m, n]	a b c [m, n]	a b c [m, n]
M1	3 4 5 [2, 1]	15 8 17 [4, 1]	35 12 37 [6, 1]	63 16 65 [8, 1]
M2	5 12 13 [3, 2]	21 20 29 [5, 2]	45 28 53 [7, 2]	77 36 85 [9, 2]
M3	7 24 25 [4, 3]	*27 36 45* [6, 3]	55 48 73 [8, 3]	91 60 109 [10, 3]
M4	9 40 41 [5, 4]	33 56 65 [7, 4]	65 72 97 [9, 4]	105 88 137 [11, 4]

この図の中で＊印がつけてあるのは $(27, 36, 45)$ という、可約の「白丸族」の一員である。しかし、少なくともこの系統図の中には大いばりで入っている。

この図 3.6 は L1 から L3 までと M1 から M4 までの戸籍の台帳で、しかも図入りのものであることがわかる。少し難しかったかもしれないが、この L と M の方式によって、ピタゴラスの三角形がこのように整然とグループ分けできることには驚かされる。

3辺の長さを式で表す

表 3.1 と 3.2、あるいは図 3.6 をもっと大きなピタゴラスの三角形にまで広げていくには、各グループごとの3辺 (a, b, c) の一般式がほしい。ここはひとつ挑戦してみよう。

最初にヒントを言ってしまうと、ポイントは (a, b, c) で考えずに、$[m, n]$ を利用することだ。まず、L1 は m が n より 1 大きいグループのことなので、その s 番目では $[s+1, s]$ になっている。そうしたら、ピタゴラスの三角形の式 $(m^2-n^2,\ 2mn,\ m^2+n^2)$ の m に $s+1$ を、n に s を代入すればよいではないか。s 番目の三角形の 3 辺の長さをそれぞれ a_s, b_s, c_s と表すことにすると、次のようになる。

$$\left.\begin{array}{l}a_s = (s+1)^2 - s^2 = 2s+1 \\ b_s = 2s(s+1) \\ c_s = (s+1)^2 + s^2 = 2s^2 + 2s + 1\end{array}\right\} \text{(L1-}s\text{)}$$

　これで OK である。$s=5$ を入れてみれば、L1-5 (11, 60, 61) という答えがたちどころに求まる。L1-5 というのは、L1 グループの 5 番目のメンバーという意味である。

　次の L2 グループでは、m が n より 3 大きいので、$[m, n]$ を $[s+3, s]$ にすればよい。結果は、

$$\left.\begin{array}{l}a_s = (s+3)^2 - s^2 = 6s+9 \\ b_s = 2s(s+3) \\ c_s = (s+3)^2 + s^2 = 2s^2 + 6s + 9\end{array}\right\} \text{(L2-}s\text{)}$$

となる。

　一方 M のグループのほうはどうだろうか。まず M1 は、$n=1$ のときのグループだから、図 3.3 からも一目瞭然のごとく、m は 2 以上の偶数だ。したがって、M1 のグループの s 番目のメンバーは $[2s, 1]$ と表すことができ

る。同様に、M2、M3の各グループは、それぞれ［2s+1, 2］、［2s+2, 3］であることがわかる。

そこで、Lのときと同じようにそれらを代入してみると、たとえばM1のグループは次のようになる。

$$\left. \begin{array}{l} a_s = 4s^2 - 1 \\ b_s = 4s \\ c_s = 4s^2 + 1 \end{array} \right\} \text{(M1-s)}$$

こうして求めた L と M の各グループの3辺の一般式を表3.3にまとめてある。

表3.3 ピタゴラスの三角形の各グループの3辺の一般式

グループ	a_s	b_s	c_s	特性
L1	$2s+1$	$2s^2+2s$	$2s^2+2s+1$	$c_s-b_s=1$
L2	$6s+9$	$2s^2+6s$	$2s^2+6s+9$	$c_s-b_s=9$
L3	$10s+25$	$2s^2+10s$	$2s^2+10s+25$	$c_s-b_s=25$
L4	$14s+49$	$2s^2+14s$	$2s^2+14s+49$	$c_s-b_s=49$
M1	$4s^2-1$	$4s$	$4s^2+1$	$c_s-a_s=2$
M2	$4s^2+4s-3$	$8s+4$	$4s^2+4s+5$	$c_s-a_s=8$
M3	$4s^2+8s-5$	$12s+12$	$4s^2+8s+13$	$c_s-a_s=18$
M4	$4s^2+12s-7$	$16s+24$	$4s^2+12s+25$	$c_s-a_s=32$

L と M 双方とも m と n の関係はわかっているので、他のグループのピタゴラスの三角形についても、それぞれ

のs番目のメンバーの3辺がどのような式で表されるか導くことができる。ここではあえてそれを記さないが、時間と興味のある読者は挑戦してみてほしい。

しかし、しかしである。こんなに一所懸命調べてきたLとMのグループ、とくにL1とM1の両グループは少しも面白くない連中なのだ。それはどちらも、大きくなればなるほど、ぺったんこにつぶれて1本の線分に近づいてしまい、とても三角形の仲間には入れたくなくなってしまうからなのだ。

でもこの両者は、図3.5のようなピタゴラスの三角形の王国の$[m, n]$プロットの外壁を支える大事な役を果たしているのである。それに対して「1つ違い足」、つまり直角をはさむ2本の足aとbの長さが1だけ違うグループは、直角二等辺三角形に収束するエリートである。

1つ違い足のピタゴラスの三角形

「1つ違い足」の三角形を小さいものから順にいくつか並べてみたのが表3.4だ。

この表3.4に並べられた三角形がどのような$[m, n]$のルールになっているかはひとまずおいて、1つ違い足の三角形群を求めたことの副産物を説明しよう。これらの三角形は直角二等辺三角形（45°の三角定規）に収束するのだから、$\frac{a_k + b_k}{c_k}$の値、つまり2本の足の和を斜辺で割った値は$\sqrt{2}$に限りなく近づくはずである。

表3.4 1つ違い足のピタゴラスの三角形

k	1	2	3	4	5
a_k	3	21	119	697	4059
b_k	4	20	120	696	4060
c_k	5	29	169	985	5741
$[m, n]$	[2, 1]	[5, 2]	[12, 5]	[29, 12]	[70, 29]
$\dfrac{a_k+b_k}{c_k}$*	<u>1.4</u>	<u>1.4138</u>	<u>1.414201</u>	<u>1.41421319</u>	<u>1.414213552</u>

＊アンダーラインのところまで正しい

　実際に計算した値が、表3.4の最後の行の数値だ。その精度のよさに注目してほしい。アンダーラインの引いてある桁までが正しいのである。表の最後の$k=5$では、

$$\frac{8119}{5741} = 1.414213552$$

というように、分母と分子の桁の合計数と同じ桁数だけ真の値に合っている。これは、一般の平方根の有理数近似の中でも成績のかなりよいほうなのだ。

　ちなみに、$\dfrac{a_k+b_k}{c_k}$の代わりに、$\dfrac{c_k}{a_k}$も$\dfrac{c_k}{b_k}$も$\sqrt{2}$に限りなく近づくのだが、この2つとも収束の速さはだいぶ遅い。

　次に、表3.4の$[m, n]$の値に注目してみよう。[2, 1] [5, 2] [12, 5] ……と続いているが、ここに出てくる数字を大きさの順に並べると、次のようになる。

1, 2, 5, 12, 29, 70, 169, 408, 985, 2378, 5741,…

じつは、これはペル数という有名な数列である。ペル数は、各項の数字が、前項を2倍した数と前々項の和になっている。たとえば3番目は$2×2+1=5$、4番目は$2×5+2=12$として導き出される。

式で表すとわかりやすい。ペル数をB_nと書くことにし、最初の1を0番目のB_0とすると、n番目のB_nは次のように表すことができる。

$$B_n = 2B_{n-1} + B_{n-2}$$

なんともシンプルな式だが、「1つ違い足」の三角形群から、このような数列が現れてくるのは面白い。

アポロニウスの窓

ここまで、ピタゴラスの三角形について式を用いて分類したり、隠れた性質を調べたりしてきた。そこでここからは、気分転換に図形的なやわらかい話を紹介することにしよう。

図3.7を見てほしい。ある枠の中に円同士が必ず接触するように詰め込んでいった図形を、一般に「アポロニウスの詰め物」(または「アポロニウスのガスケット」)という。その中でも、ある円にたくさんの小さな円をぴったり接触するように詰め込んでいってできた図を、特別に「アポロニウスの窓」という。図3.7は半円しか描いてない

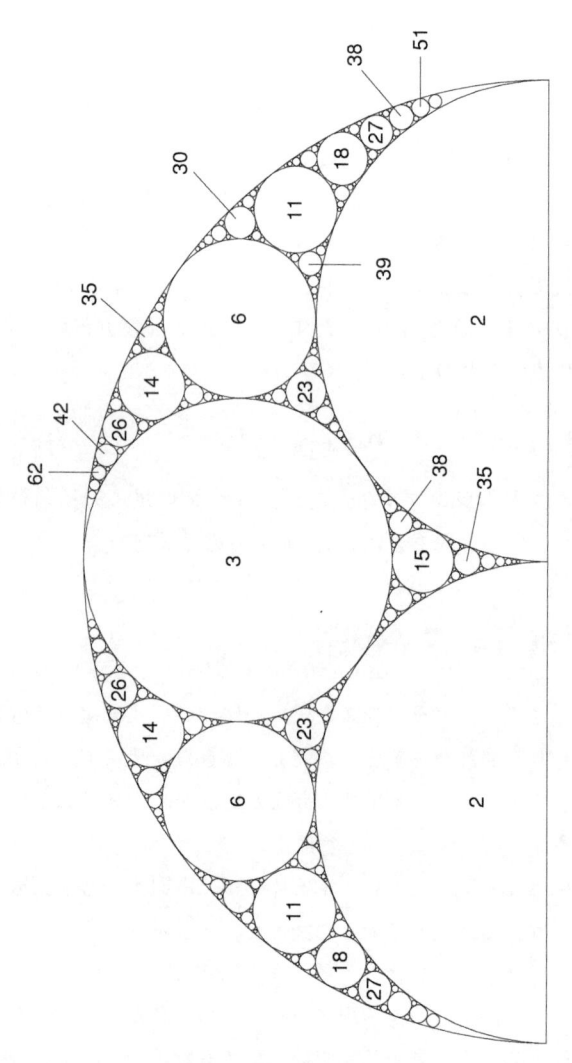

図 3.7 アポロニウスの窓。大円の半径を 1 としたときの小円の半径の逆数（曲率）が円内に書かれている。

が、それは上下対称なので下半分を省略しただけである。

円内の数字は、半径ではなく、半径の逆数の「曲率」と呼ばれる量である。平たくいえば、元の大円と比べて半径が何分の1かを表している。たとえば曲率3の円は、元の大円の3分の1の半径ということを示している。元の大円は曲率1である。

曲率1の大円の中には、曲率2、つまり半径が半分の円を2個内接させることができる。次に、その2個の小円に外接し、元の大円に内接するような円は2個（図3.7では1個）描けて、その曲率は3になる。この計算はこの後に説明する。

次に曲率2と3の円に外接し、大円に内接する円を探すと、曲率6の円が描ける。このようにして、この大円の中の隙間を次から次へと、すでに描かれた円に接する円を描き続けてできたのが図3.7で、それが「アポロニウスの窓」である。

王女へのプレゼント

実際にやってみるとすぐにわかるが、アポロニウスの窓を描く場合、どのプロセスでも、互いに接しあう3個の円に接する第4の円を描くことが要求される。そのときに有用な定理をフランスのデカルトが発見した。1643年という記録が残っている。

ところが彼はそれを論文にはしなかった。ボヘミアの王女エリザベスへの誕生日か何かのお祝いのプレゼントとし

て、手紙に書き添えたのである。デカルトがなぜ王女様にわざわざ、と疑問に思うかもしれないだろうが、これは事実なのだから仕方がない。いろいろと想像をめぐらせることもできそうだ。さて、プレゼントの中身は次のような定理である。

> 「平面上で互いに接し合う4つの円の曲率 a、b、c、d の間には次のような関係式が成立する。
>
> $$2(a^2+b^2+c^2+d^2) = (a+b+c+d)^2$$
>
> ただし、1つの円の内側に他の3つの円が接しているときは、その円の曲率の符号は負にとる。(デカルトの四接円の定理)」

という、きわめてきれいなものである。

まず、最も簡単な場合を図3.7の $(2, 2, 3, 15)$ の4つの円で試してみよう。

$$2(2^2+2^2+3^2+15^2) = (2+2+3+15)^2$$

となって、正しいことがわかる。

次に、「1つの円の内側に他の3つの円が接しているとき」というのは、図3.8を見てほしい。まず、図3.8（a）のように、大円の中に半径が半分の円が2個内接しているときに、それらに同時に接する円（破線で描いた）の半径を求めてみよう。大円の曲率 a は -1 にとる。半径が半分の2つの円の曲率 b と c はいずれも2である。求める円の曲率を d として、上の式にこれらを代入すると、

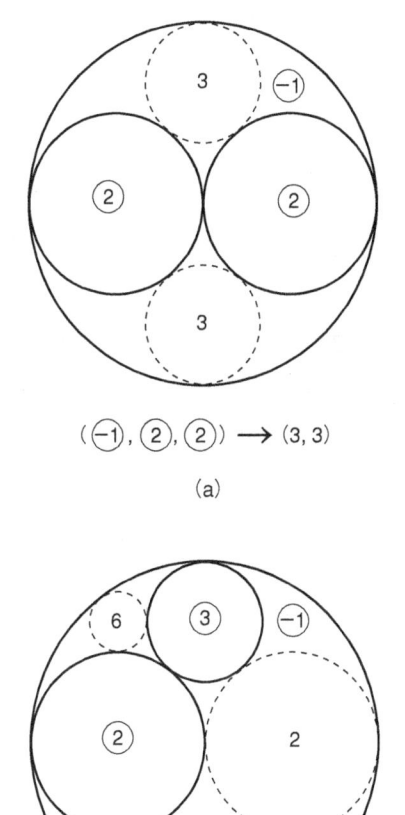

$((-1), (2), (2)) \longrightarrow (3, 3)$

(a)

$((-1), (2), (3)) \longrightarrow (2, 6)$

(b)

図 3.8 デカルトの四接円の定理。(a) (−1, 2, 2) に接する円の曲率は 3 と 3、(b) (−1, 2, 3) に接する円の曲率は 2 と 6

$$2((-1)^2+2^2+2^2+d^2)=(-1+2+2+d)^2$$

となる。これを展開すると、

$$18+2d^2=9+6d+d^2$$

となり、移項して整理すると、

$$d^2-6d+9=(d-3)^2=0$$

となり、$d=3$ という重根が得られる。これは、曲率が3の円（破線）が2つ存在するということを意味している。たしかに図3.8(a)を見るとそのようになっている。

次に、図3.8(b)のように大円、および曲率が2と3の円に接する第4の円の曲率 d は、

$$2((-1)^2+2^2+3^2+d^2)=(-1+2+3+d)^2$$

から、

$$d^2-8d+12=(d-2)(d-6)=0$$

これを計算すると、

$$d=2, 6$$

の2解が得られる。このように、デカルトの四接円の定理はなかなか役に立つ定理である。

アポロニウスの窓とピタゴラス

　こうして描かれたアポロニウスの窓の中には、ピタゴラスの三角形が、じつは山のように、おそらく無数に詰まっている。それを図3.9に示した。

　このアポロニウスの窓の中に描かれた円の曲率は、デカルトの定理からうかがわれるように、すべて整数になる。すると、半径は有理数（整数分の整数）になる。だから、互いに接する2円の中心を結ぶ線分は接点を通っているために、その長さはその2円の半径の和になる。したがって、図3.9の中に引かれた斜めの線の長さは、全部有理数になっている。また、各円の中心のx、y座標も、同じような理屈から有理数になっている。

　結局、アポロニウスの窓の中の円の中心を結んでつくられる直角三角形の3辺は、必ず有理数になる。そこで、それらの分母が消えるような整数を共通に掛ければ（つまり整数比で表せるようにすれば）、ピタゴラスの三角形になるはずである。

　図3.9をあらためてよく見てほしい。いたるところにピタゴラスの三角形が見えているではないか。しかも、先ほど紹介したL1、M1、M2などのグループもかたまって存在していることがわかる。

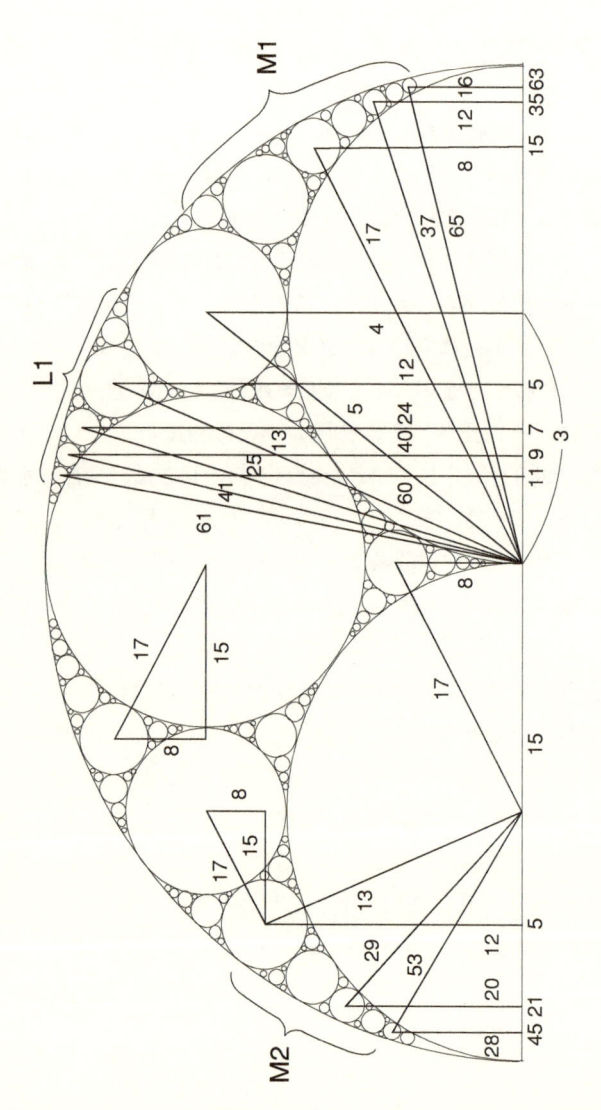

図 3.9 アポロニウスの窓の中に詰まっているピタゴラスの三角形

84

第3章 ピタゴラスの三角形

アルベロスの円

アポロニウスの窓に似ている「アルベロス」と呼ばれる図形がある。図3.10の斜線部分の形である。アルベロスというのは、西洋で古くから使われている靴屋のナイフを指すギリシャ語だ。その靴屋のナイフに形に似ていることからつけられた、しゃれた名前である。

その定義は次のとおりだ。

> 「線分AB上の1点をOとし、OA、OB、ABを直径とする3個の半円α、β、γをABの同じ側に描く。そのとき、この3つの曲線に囲まれる領域をアルベロスと呼ぶ」

つまり、アルベロスの円は、先に紹介した「アポロニウスの詰め物」に他ならないのだ。

図3.11には、半円（曲率は2）の中にその3分の1と3分の2の半径をもった2つの円（曲率は3と6）を内接させ、そこから発生する接円を描いてある。いちばん大き

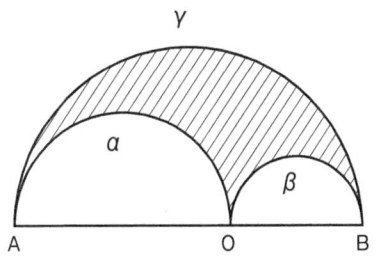

図3.10 アルベロスの円

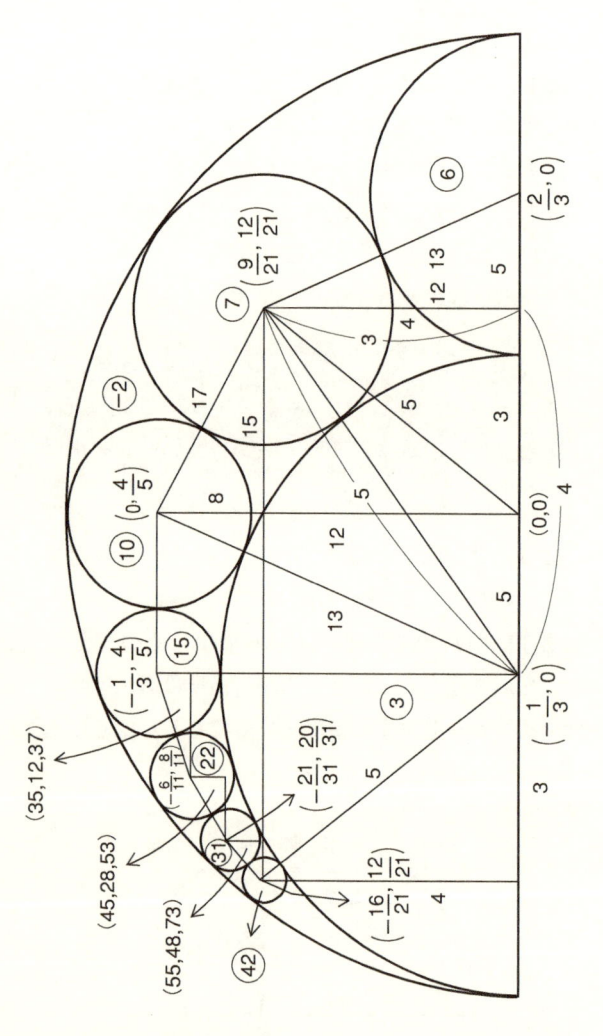

図 3.11 直径を 3 等分して描かれたアルベロスとそこに隠されたピタゴラスの三角形たち

86

い円の曲率をなぜ1ではなく2にしたかというと、これは便宜上のことで、曲率1だと内接する2円の曲率がそれぞれ$\frac{3}{2}$と3となり、分数が現れてしまうからだ。

そして、各円の中心を利用して直角三角形を描いていくと、面白いようにピタゴラスの三角形が出てくるではないか。

このように、半円の中に接円を次々に描いていくと、ピタゴラスの三角形がぞろぞろと現れる。この不思議な性質も、厳密な証明ではないが、次のように順序を追って考えていけば納得できるはずだ。

この図には、各円の中心のx、y座標も与えてある。大円の中心からそれらの点までの距離、すなわち$\sqrt{x^2+y^2}$の値は必ず有理数になっている。たとえば、点$\left(-\frac{1}{3}, \frac{4}{5}\right)$を直角部分の頂点とする三角形を見たとき、

$$\left(-\frac{1}{3}\right)^2+\left(\frac{4}{5}\right)^2=\frac{25+9\times 16}{9\times 25}=\frac{169}{225}=\left(\frac{13}{15}\right)^2$$

であるから、その平方根は$\frac{13}{15}$という有理数になる。

これは、これらの円の中心からx軸に垂線を下ろし、そこから大円の中心までを底辺にもつ直角三角形をつくると、それがあるピタゴラスの三角形の相似形になっている、ということを示しているのである。直角三角形の3辺の組み合わせなんて無数にあるのに、なぜ3辺が整数のピ

タゴラスの三角形だけが現れるのか、その謎がこれで解けたのである。

ひとつの円周上に無数に現れるピタゴラス

こんどは少し違う方法で、図形的にピタゴラスの三角形をつくり出す方法を紹介する。この章の前半で、既約なピタゴラスの三角形のもつべき条件を紹介した。おさらいしてみよう。

> 「偶奇性が異なり、互いに素な2つの整数(ただし$m>n>0$)から
>
> $$(m^2-n^2,\ 2mn,\ m^2+n^2)$$
>
> という既約なピタゴラスの三角形ができる」

図3.12(a)はそのとき使った図3.5を少し変えて描いたものである。図3.5では$[m, n]$の値をそのまま(x, y)平面にプロットしたが、こんどは横軸を1単位だけ右にずらす。$(x=m-1, y)$のところに$[m, n]$がプロットされるわけである。たとえば、$[m, n]=[2,1]$なら、図3.12(a)では$(1, 1)$になる。

そして、(x, y)座標の原点から半径1の円を描くのだが、これは$(x>0, y>0)$という四半分の円弧で十分である。次に、$(-1, 0)$という点から$(x=m-1, y)$に直線を引き、その円弧と交わった点の(x, y)座標を読み取ると、それが、

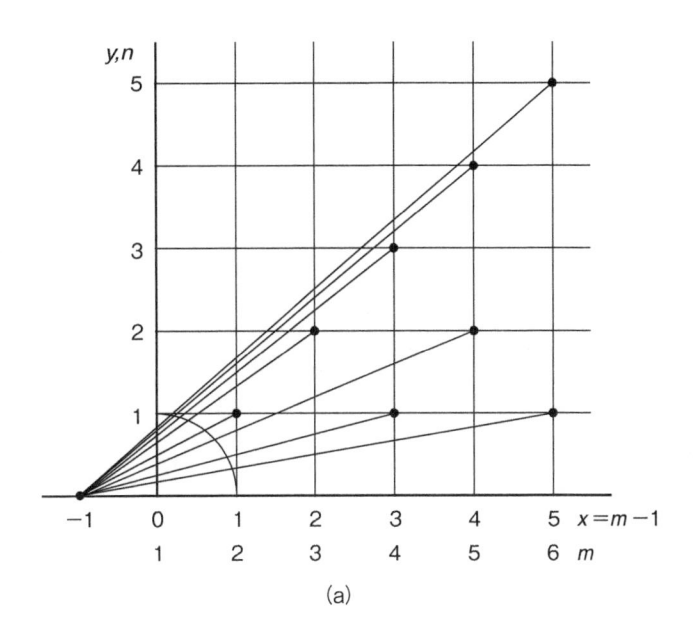

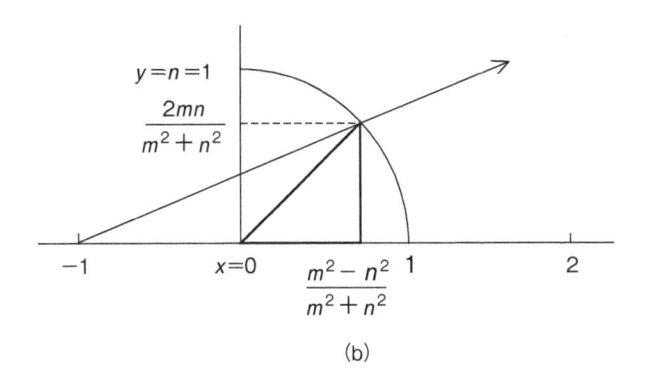

図 3.12 ピタゴラスの三角形が半径 1 の円周上に全部乗ってしまう

$$x = \frac{m^2 - n^2}{m^2 + n^2} \qquad y = \frac{2mn}{m^2 + n^2}$$

となるから、その点と x 軸への垂線と原点のつくる三角形（図 3.12 (b) の太線）が、

$$(m^2 - n^2,\ 2mn,\ m^2 + n^2)$$

というピタゴラスの三角形の $\dfrac{1}{m^2 + n^2}$ になっているわけである。

第4章

ヘロンの三角形

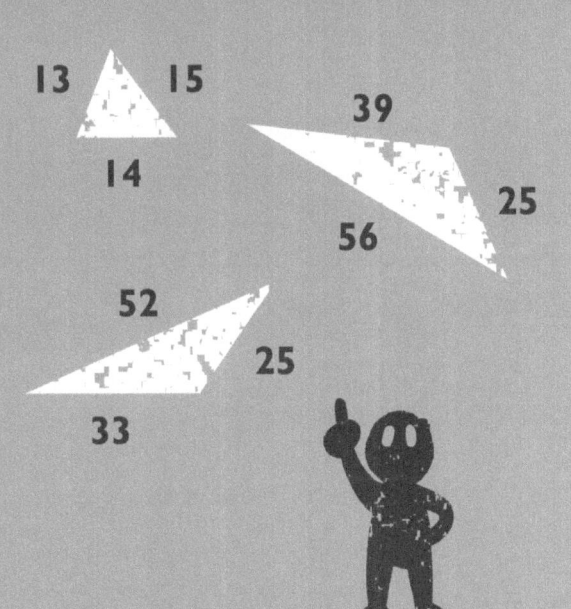

13 15
  14

39
     25
  56

  52
       25
33

ピタゴラスからヘロンへ

　三角形の中には、3辺の長さと面積がともに整数になるものがある。たとえば、3辺の長さが (13, 14, 15) の三角形の面積は、きれいに84という整数値になる。こうした三角形をとくに「ヘロンの三角形」と呼ぶ。

　ピタゴラスの三角形は、自動的にヘロンの三角形になってしまう。そこで、元祖の (3, 4, 5) 以外は、ヘロンの三角形からは除外して考えることが多い。(13, 14, 15) は、たまたま (3, 4, 5) の各辺に10を足した値になっているが、無数にある他のヘロンの三角形はどのようにして得られるのだろうか。

　3辺の長さが (5, 5, 6) という鋭角二等辺三角形がある。これもヘロンの三角形なのだが、じつは2個のピタゴラスの三角形をつなぎ合わせてつくることができる。

　元祖ピタゴラスの三角形 (3, 4, 5) を2つ組み合わせると、図4.1(a)~(d) のような4種類のヘロンの三角形ができる。この中に、先ほどの (5, 5, 6) が入っている。しかしよく見ると、(d) の (15, 20, 25) は、元の (3, 4, 5) を5倍したものに他ならない。すなわち式で書くと、

$$(15, 20, 25) = 5(3, 4, 5)$$

となってしまうので除外する。すでに第3章で説明したように、3辺とも共通な整数で割り切れて、それより小さな「整数三角形」ができてしまうものは「可約」であるとい

第4章 ヘロンの三角形

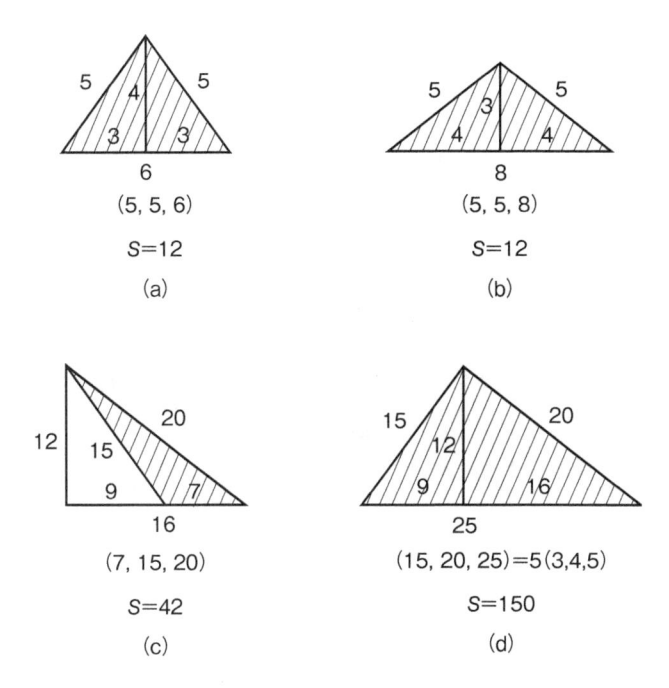

図 4.1 ピタゴラスの三角形 (3, 4, 5) からできるヘロンの三角形。(a)～(c) は既約、(d) は可約。S は面積を表す

う。一方、(3, 4, 5) のように、これ以上割り切れないものは「既約」であるという。そういうわけで、ピタゴラスの三角形 (3, 4, 5) を2つ合わせてできる既約なヘロンの三角形は、図 4.1(a)～(c) の3種である。

なお、(c) の (7, 15, 20) というのは、(3, 4, 5) の4倍から同じ (3, 4, 5) の3倍を引いてできたものだから、$4^2 - 3^2 = 7$ という計算でわかるように、その面積は元の (3, 4, 5) の三角形の7倍になっている。

二等辺ヘロンの三角形のペア

図4.1の（a）と（b）を見るとわかるように、同じピタゴラスの三角形2個が同じ足同士で接合することによって、必ず2種類の二等辺のヘロンの三角形が生じる。だから、その片方の情報から、ペアの相手が何であるかはすぐにわかることになっている。

つまりこういうことだ。図4.2(a)のように、二等辺のヘロンの三角形を (a, a, b) とする。斜辺が a で底辺が b である。ピタゴラスの定理から、その高さ h との関係は次のように表すことができる。

$$h^2 = a^2 - \left(\frac{b}{2}\right)^2$$

$$h = \sqrt{a^2 - \left(\frac{b}{2}\right)^2}$$

この2つの直角三角形を図4.2(b)のように並べ替えれば、もうひとつの二等辺のヘロンの三角形ができる。その底辺が $2h$、高さが $\frac{b}{2}$ となることはすぐわかるだろう。底辺の長さを a と b で表すと、先ほど求めた h を使って、

$$2h = 2\sqrt{a^2 - \left(\frac{b}{2}\right)^2} = \sqrt{4a^2 - b^2}$$

という一般式が得られる。

第4章 ヘロンの三角形

$$h^2 = a^2 - \left(\frac{b}{2}\right)^2$$

(a)　　　　　　　　　(b)

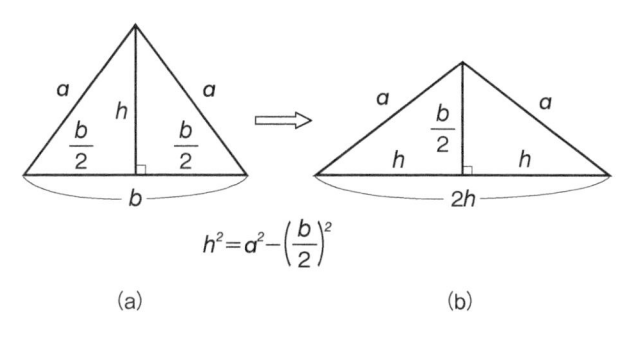

図 4.2 ピタゴラスの三角形を組み合わせて2種のヘロンの三角形ができる

この2つの三角形は面積が同じである。ということは、二等辺のヘロンの三角形は、

$$(a, a, b) \Leftrightarrow (a, a, \sqrt{4a^2 - b^2})$$

という面積が同じペアをつくることがわかる。

図 4.1 の (5, 5, 6) について考えれば、$a=5$、$b=6$ だから、上の式に当てはめて、たちどころにもうひとつの三角形 (5, 5, 8) が求まる。他の例として、$a=25$、$b=14$ の場合を考えると、

$$(25, 25, 14) \Leftrightarrow (25, 25, \sqrt{4 \times 25^2 - 14^2})$$
$$= (25, 25, \sqrt{2304}) = (25, 25, 48)$$

というペアのできることがわかる。

では、2種類の異なるピタゴラスの三角形を組み合わせたらどうだろうか。(3, 4, 5) と (5, 12, 13) についてやってみよう。するとその答えは図 4.3 に示すように、じつ

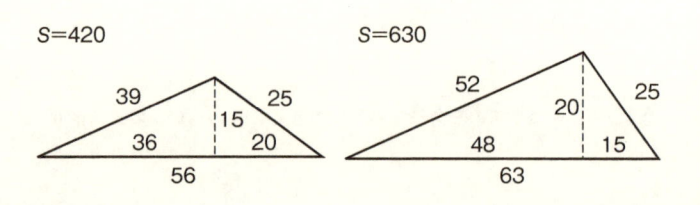

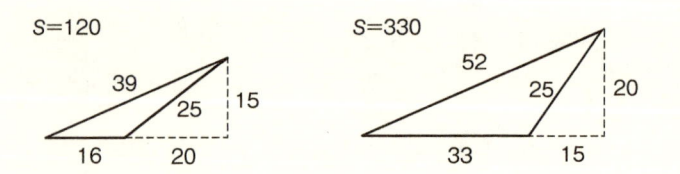

図 4.3 ピタゴラスの三角形 (3, 4, 5) と (5, 12, 13) からできる 8 種のヘロンの三角形とその面積

第4章 ヘロンの三角形

に8種類のヘロンの三角形ができてしまう。それらの面積もそこに書いてある。これらの中には、すでに紹介した(13, 14, 15)も入っている。これは、(3, 4, 5)の3倍と(5, 12, 13)を組み合わせたものである。

このように、ピタゴラスの三角形を組み合わせてできたヘロンの三角形の面積が整数になるのは当たり前の話である。しかしどんな三角形でも、その3辺の長さが与えられれば、次に紹介するヘロンの公式を使ってその面積を計算することができる。計算した結果が整数になるかどうかで、その三角形がヘロンであるかどうかを判定できる。

3辺の長さから面積がわかる ── ヘロンの公式

すべての三角形は、3辺の長さがわかれば面積が求められる。「ヘロンの公式」というのだが、高校の数学Ⅰで習うので覚えている人もいるかもしれない。

ヘロンの公式
三角形の3辺の長さをそれぞれ a, b, c としたとき、その面積 S は次のようになる。

$$s = \frac{a+b+c}{2}$$

三角形の面積 $S = \sqrt{s(s-a)(s-b)(s-c)}$

s は3辺の長さの和を2で割ったもので、第2章でも登

場したが、半周長という。なぜこのような式が成り立つのだろうか。

図4.3の8つのヘロンの三角形の面積Sについて考えてみよう。それぞれの面積は底辺と高さから求めることができる。このときその値は、表4.1のSの欄にあるように、じつはいずれも細かく素因数分解できる。

次に、これらの三角形について、半周長s、3種類の切片（$s-a$, $s-b$, $s-c$）、およびそれらの積を表4.1の右半分に示した。右端の積$s(s-a)(s-b)(s-c)$が面積Sの平方になっていることがわかるだろう。

たとえば（13, 20, 21）を見てみると、面積Sは126で、素因数分解すると$2 \cdot 3^2 \cdot 7$となる。一方、この欄の右端の$s(s-a)(s-b)(s-c)$を素因数分解したものを見ると、$2^2 \cdot 3^4 \cdot 7^2$であり、これはすなわち$(2 \cdot 3^2 \cdot 7)^2$である。他の（a, b, c）の組でも同様であることが確認で

表4.1 図4.3のヘロンの三角形の面積、半周長、および内接円の3切片

(a, b, c)	S	s	$s-a$	$s-b$	$s-c$	$s(s-a)(s-b)(s-c)$
(13, 14, 15)	$84 = 2^2 \cdot 3 \cdot 7$	21	8	7	6	$2^4 \cdot 3^2 \cdot 7^2$
(13, 20, 21)	$126 = 2 \cdot 3^2 \cdot 7$	27	14	7	6	$2^2 \cdot 3^4 \cdot 7^2$
(25, 39, 56)	$420 = 2^2 \cdot 3 \cdot 5 \cdot 7$	60	35	21	4	$2^4 \cdot 3^2 \cdot 5^2 \cdot 7^2$
(25, 52, 63)	$630 = 2 \cdot 3^2 \cdot 5 \cdot 7$	70	45	18	7	$2^2 \cdot 3^4 \cdot 5^2 \cdot 7^2$
(4, 13, 15)	$24 = 2^3 \cdot 3$	16	12	3	1	$2^6 \cdot 3^2$
(11, 13, 20)	$66 = 2 \cdot 3 \cdot 11$	22	11	9	2	$2^2 \cdot 3^2 \cdot 11^2$
(16, 25, 39)	$120 = 2^3 \cdot 3 \cdot 5$	40	24	15	1	$2^6 \cdot 3^2 \cdot 5^2$
(25, 33, 52)	$330 = 2 \cdot 3 \cdot 5 \cdot 11$	55	30	22	3	$2^2 \cdot 3^2 \cdot 5^2 \cdot 11^2$

第4章 ヘロンの三角形

きる。

　こういう「観察」だけでは、まったく数学の証明にはなっていないが、ヘロンの公式を実証しているものであり、実感として納得できるのではないだろうか。

　しかし、きちんとした証明がないと気持ちが悪いという人のために、巻末付録Cに証明法のひとつを挙げたので見てほしい。

　さて、ヘロンの公式の意味するところは、3辺とも整数の三角形があったときに、その面積が整数であるためには、積 $s(s-a)(s-b)(s-c)$ が平方数になっていることが必要だということである。では、このヘロンの公式の中の s や $s-a$ といった「パーツ」のひとつひとつはどういう役割を果たしているのだろうか。そこで、第2章で取り上げた三角形にもう一度登場してもらうことにする（図4.4）。三角形の内心を求めた図である。

　元の三角形は6つの小三角形に分割されているが、そのいずれもが、外周を底辺に見立てると、高さは共通で、内接円の半径 r になっていることに気がつく。つまり、この三角形の面積 S は

$$S = \frac{r(a+b+c)}{2} = rs$$

と表せる。図にある x、y、z を使うと、

$$2(x+y+z) = 2[(s-a)+(s-b)+(s-c)]$$
$$= 2[3s-(a+b+c)] = 2s$$

99

$x=s-a,\ y=s-b,\ z=s-c$

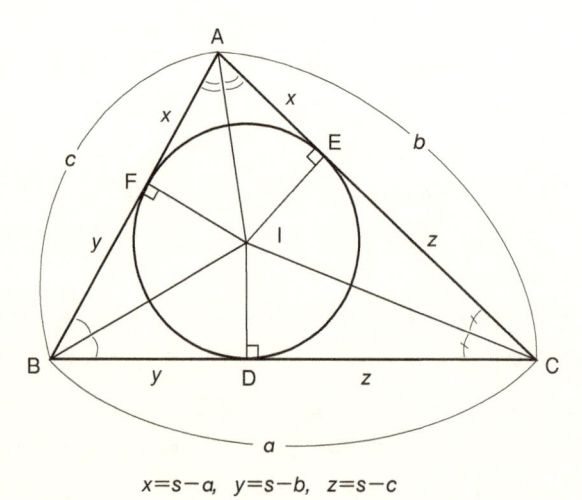

図 4.4 三角形の内心、内接円、および各切片の関係

つまり $s=x+y+z$ などの関係もはっきりする。

さらに、第 2 章で取り上げた傍接円について、3 つの傍接円の半径 r_1、r_2、r_3 が、

$S=rs$
$\quad =r_1(s-a)=r_2(s-b)=r_3(s-c)$ ……式①

というきれいな式で表されることがわかっている。ここでもヘロンの公式のパーツが顔を出している。

そこで、表 4.1 の最初に出てきた (13, 14, 15) について描いた傍接円が図 4.5 である。

すでに表 4.1 で r, s, S 等はすべて求まっている。それらを使えば、たしかに式①が、

100

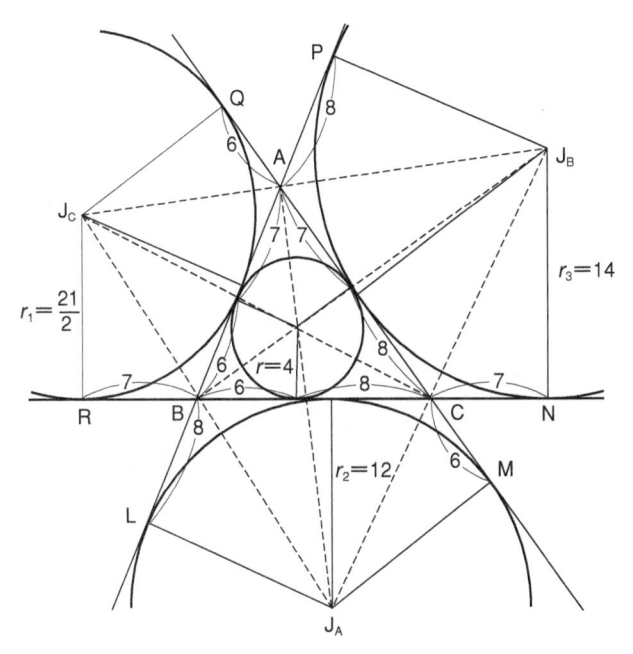

図 4.5 三角形 (13, 14, 15) の傍接円

$$84 = 4 \times 21$$
$$= \frac{21}{2} \times 8 = 12 \times 7 = 14 \times 6$$

のように成り立っていることがわかるだろう。3つの傍接円の半径は、$\frac{21}{2}$、12、14 のように、整数か、整数分の整数、すなわち有理数になっている。

また $r = 4$ は内接円の半径である。ちなみに、外接円の半径 R は、

$$R = \frac{abc}{4S}$$

という式で表される。この図には描いていないが、この式に当てはめると外接円の半径 R も有理数として得られる。

$$R = \frac{13 \times 14 \times 15}{4 \times 84} = \frac{65}{8}$$

もうひとつ注目してもらいたいのは、△ABC と 3 つの傍接円の中心 J_A、J_B、J_C および内心 I の間の関係である。まず、点 J_A、J_B、J_C は、それぞれ、3 つの頂点 A、B、C と内心 I を結ぶ線の延長上にある。次に、頂点 A から、それに向かいあう傍接円までの切片 AL と AM の長さは、半周長 s に等しい。このことは、頂点 B と C にも当てはまる。つまり、BN = BP = CQ = CR = s である。これらの線分をよく見ると、すべてが $s-a$、$s-b$、$s-c$ に 3 分されていることがわかる。つまり、

$$(s-a) + (s-b) + (s-c) = 3s - (a+b+c) = s$$

である。じつは、ここに紹介した関係をうまく利用すると、ヘロンの公式が格好よく証明される（巻末付録 C 参照）。

　以上のように、ヘロンの三角形は、面積だけでなく、内接円、外接円、傍接円の半径がいずれも整数分の整数、すなわち有理数になっている。

第4章 ヘロンの三角形

連続数ヘロン

　ヘロンの三角形の中で、数学的にも美的にも最も興味深いのが「連続数ヘロンの三角形」である。つまり、3辺が$(a-1, a, a+1)$という連続数からなるヘロンの三角形で、その最も小さいのが例の$(3, 4, 5)$で、その次が今も出てきた$(13, 14, 15)$である。さらにその次を探していくと、$(51, 52, 53)$にたどりつく。では、一般式はどう表されるのだろうか。

　まず3辺を(a_n, b_n, c_n)とする。a_nというのは、連続数ヘロンの三角形を小さい順に並べたときにn番目となる三角形の辺aの長さを表している。a_1なら、最も小さい連続数ヘロンの三角形である$(3, 4, 5)$の辺aの長さだから3となり、a_2なら13だ。b_n, c_nについても同様である。このようにして(a_n, b_n, c_n)を求めていくのだが、途中の計算過程はやや高度なので、結論だけ書くと次のようになる。

$$a_n = (2+\sqrt{3})^n + (2-\sqrt{3})^n - 1$$
$$b_n = (2+\sqrt{3})^n + (2-\sqrt{3})^n$$
$$c_n = (2+\sqrt{3})^n + (2-\sqrt{3})^n + 1$$

　面倒くさいルートのn乗の入った式になってしまった。でも、一見ごちゃごちゃしているように見えるが、これらの3辺(a_n, b_n, c_n)は(b_n-1, b_n, b_n+1)という形になっていることはわかるだろう。表4.2に、nが1から8までの連続数ヘロンの三角形の3辺と面積を示した。表中の

表 4.2 連続数ヘロンの三角形

n	a_n	b_n	c_n	h_n	$S_n/6$
0	1	2	3	0	0
1	3	4	5	3	1
2	13	14	15	12	14
3	51	52	53	45	195
4	193	194	195	168	2716
5	723	724	725	627	37829
6	2701	2702	2703	2340	526890
7	10083	10084	10085	8733	7338631
8	37633	37634	37635	32592	102213944

表 4.3 連続数ヘロンの三角形とそれに対応する正三角形の面積

n	2	3	4	5
S_n(ヘロンの公式)	84	1170	16296	226974
$\dfrac{\sqrt{3}}{4}b_n^2$	84.870	1170.86635	16296.86605	226974.866027

h は、底辺を c としたときの高さを表している。

さて、この連続数ヘロンの三角形は3辺の差が1ずつしかないので、n が大きくなるにつれ、どんどん正三角形に近づいていく。そこで、この連続数ヘロンの三角形の真ん中の大きさの辺 b_n を1辺にもつ正三角形の面積と、対応するヘロンの三角形の面積 S_n の値を比べてみたのが表4.3である。

2つの三角形の面積を見比べると、あらためてかなり近いことがわかる。ところが、正三角形の面積の小数点以下

第4章 ヘロンの三角形

の部分を順に追っていくとどうもおかしい。8660…というように、ある一定の値に収束していくように見えるではないか。そこで、この小数点以下の数を2倍すると、1.7320…となる。これはルート3(ヒトナミニオゴレヤ＝1.7320508…)ではないか。

じつは数学的には、

> 「連続数ヘロンの三角形 ($b-1, b, b+1$) の面積は、1辺がbの正三角形の面積に限りなく下から近づくが、その差は$\frac{\sqrt{3}}{2}=0.8660254…$より小さくはならない」

ということが証明されているのである。

いじわるヘロン

ヘロンの三角形の話の最後に、ちょっといたずらを紹介する。その名も「いじわるヘロン」である。

図4.6を見てほしい。この3つの三角形の各辺は整数の平方根になっている。ヘロンの公式を使って、これらの面積を求めてみよう。まずは図4.6(a)の三角形から計算してみる。この半周長sは、

$$s = \frac{\sqrt{5}+\sqrt{5}+\sqrt{2}}{2} = \sqrt{5}+\frac{1}{\sqrt{2}}$$

なので、三角形の面積Sは、

(a) $S=1.5$ 辺: $\sqrt{5}, \sqrt{5}, \sqrt{2}$

(b) $S=2$ 辺: $\sqrt{8}, \sqrt{2}, \sqrt{10}$

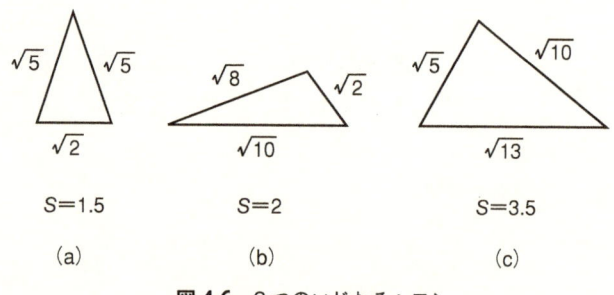

(c) $S=3.5$ 辺: $\sqrt{5}, \sqrt{10}, \sqrt{13}$

図 4.6 3つのいじわるヘロン

$$S=\sqrt{\left(\sqrt{5}+\frac{1}{\sqrt{2}}\right)\left(\sqrt{5}-\frac{1}{\sqrt{2}}\right)\left(\frac{1}{\sqrt{2}}\right)^2}$$

$$=\sqrt{\left(5-\frac{1}{2}\right)\times\frac{1}{2}}=\sqrt{\frac{9}{4}}=\frac{3}{2}=1.5$$

1.5という「半整数」(奇数の2分の1)になっている。あとの2つの三角形の面積も、途中の計算はかなり面倒くさいが、それぞれ、2と3.5という、整数かせいぜい半整数になっている。

つまり、これらの三角形は、どの辺の長さも半端な無理数だが、面積はきちんとした整数か半整数という代物なのだ。この章では整数三角形だけを扱うと宣言していたのに、ルートの計算が出てくるなんて約束違反だ、と騒がないでほしい。そこが「いじわるヘロン」なのだから。

さてこの三角形、いじわるだが作り方は簡単なので、その種明かしをしよう。

図4.7を見てもらいたい。1マスの大きさが1×1のグラフ用紙の上に、格子点の間だけを結んで図4.6にあった

第 4 章 ヘロンの三角形

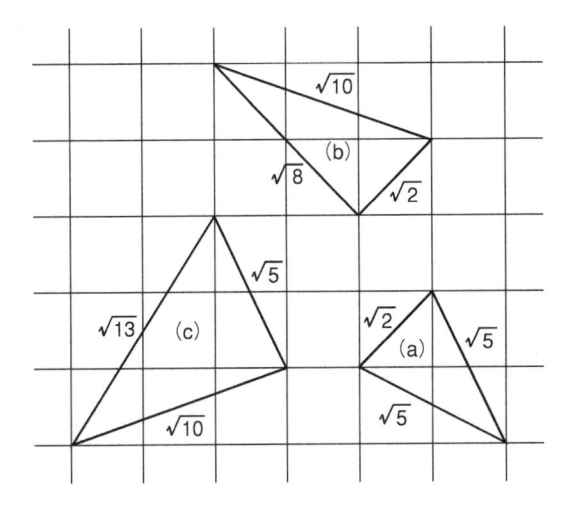

図 4.7 いじわるヘロンの種明かし

3つの三角形が描いてある。

図 4.7(a) の二等辺三角形は、2×2 の正方形の中にぴったりと収まっている。この図を見れば、3辺の長さが $(\sqrt{2}, \sqrt{5}, \sqrt{5})$ になっていることは、ピタゴラスの定理を使えばすぐわかるだろう。

この三角形の面積は、正方形の面積の 4 から、角にある 3 つの直角三角形の面積を引けば得られる。斜辺の長さが $\sqrt{2}$ の直角二等辺三角形の面積は 0.5 である。さらに、斜辺の長さが $\sqrt{5}$ の直角三角形の面積は 1 である。結局、$4 - 0.5 - 2 \times 1 = 1.5$ という計算から、図 4.7(a) の二等辺三角形の面積は 1.5 となる。このようにして、他の 2 つのいじわるヘロンの面積も簡単に計算でき、その値が整数（もしくは半整数）であることがわかる。

107

第 5 章

三角定規で遊ぶ

三角定規の中の√2と√3

　第4章までは整数で表せる三角形を見てきたが、これからいよいよルートの登場する世界に入り込む。といっても恐れることはない。おもに出てくるルートは3つだけ。平方根の「覚え歌」もある次の3つだ。

　$\sqrt{2} = 1.41421356$
　　ひとよひとよにひとみごろ　　（一夜一夜に人見頃）
　$\sqrt{3} = 1.7320508$
　　ひとなみにおごれや　　（人並みに奢れや）
　$\sqrt{5} = 2.2360679$
　　ふじさんろくおうむなく　　（富士山麓鸚鵡鳴く）

　図形的に言うと、$\sqrt{2}$ は1辺の長さが1の正方形の対角線の長さ、$\sqrt{3}$ は、1辺の長さが2の正三角形の中線の長さである。では $\sqrt{5}$ は何だろう。$\sqrt{5}$ は、1対2の長方形の対角線の長さである（図5.1）。

　$\sqrt{5}$ は本章ではほとんど出てこないが、$\sqrt{2}$ と $\sqrt{3}$ のほうは、ふだんよく目にする三角定規のペアの中に出てくるの

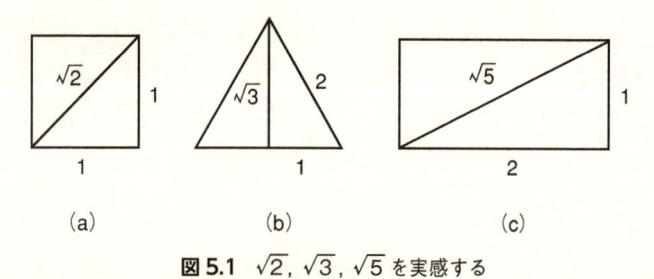

(a)　　　　　　　(b)　　　　　　　(c)

図5.1 $\sqrt{2}, \sqrt{3}, \sqrt{5}$ を実感する

で、こちらがメインになる。$\sqrt{2}$ は 45° の直角二等辺三角形の斜辺、$\sqrt{3}$ は 2 つの角が 30° と 60° からなる直角三角形の 1 辺である。以後、この順序でそれぞれの三角形を、45° と 60° の三角定規と呼ぶことにする。まず、この 2 つの三角定規でいろいろと遊んでみよう。

市販の三角定規は、どういうわけか、45° の $\sqrt{2}$ と 60° の $\sqrt{3}$ の辺を同じ長さにしてある。この両者の各辺を共通の尺度で表すためには、45° のほうに $\sqrt{3}$ を、60° のほうに $\sqrt{2}$ を掛ければよい。その結果は図 5.2 のように、どの辺も無理数になってしまうが、2 つの三角定規の各辺の長さの比較がこれではっきりする。つまり、45° の足と 60° の短いほうの足の長さの比は、$\sqrt{3}$ 対 $\sqrt{2}$ である。

また、面積はそれぞれ、

$$(45°の三角定規の面積) = \frac{\sqrt{3} \times \sqrt{3}}{2} = \frac{3}{2}$$

$$(60°の三角定規の面積) = \frac{\sqrt{2} \times \sqrt{6}}{2} = \frac{\sqrt{2} \times \sqrt{2} \times \sqrt{3}}{2}$$

$$= \frac{2 \times \sqrt{3}}{2} = \sqrt{3}$$

となるので、比は約 1.5 対 1.73 である。つまり、60° の三角定規のほうが 45° の三角定規の約 1.15 倍ほど面積が広いのである。

第 1 章の終わりに、60° の三角定規 4 枚から正方形をつくることを紹介したが、ここでは、同じ三角定規をたくさん組み合わせていろいろな多角形をつくることから始めよ

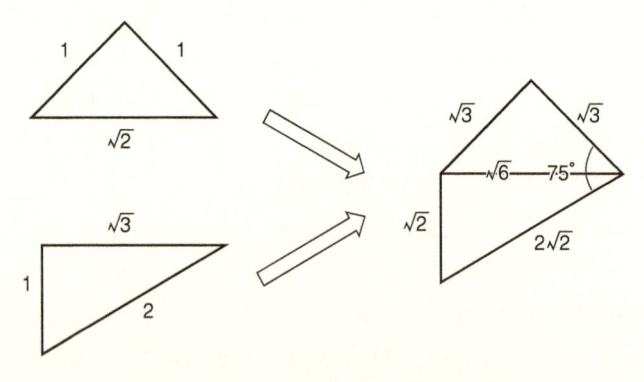

図 5.2 2つの三角定規の各辺の長さの比較

う。その後で、両者を合わせて何ができるかを考える。じつに、正二十四角形までできてしまうのだ。

45°の三角定規で遊ぶ

まず、45°の三角定規をきっちりとつなげていくと、どんな正多角形ができるかを調べてみよう。できあがったものが安定ならば、多角形の内側に穴が開いていてもかまわない。ただし、図 5.3(a) のような置き方はルール違反とする。これをやるには分度器が必要だし、図 5.3(b) のようなものもできてしまって不安定だからだ。

結果としては、図 5.4(a) と (b) のような、正方形と正八角形の2種類しかできない。ただし、2枚の 45°の三角定規を合わせて面積が2倍の 45°の三角定規ができるのだから、それを単位としてつくっていけば、面積が2倍の

(a)　　　　　　　　　(b)

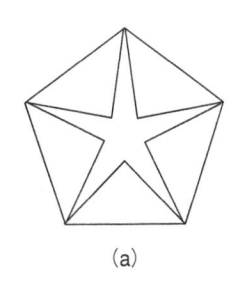

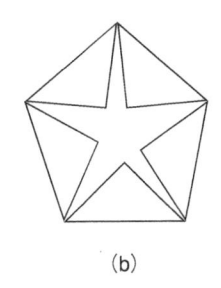

図 5.3 正多角形を作るときのルール違反の例
(a) は一見きれいだが、ちょっと押すと (b) のように歪んでしまい、不安定だ

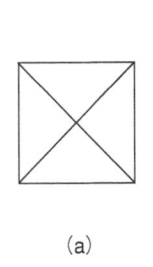

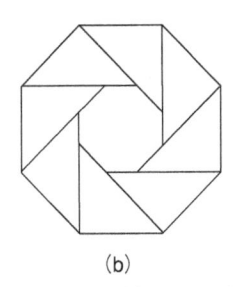

(a)　　　　　　　　　(b)

図 5.4 45°の三角定規から (a) 正方形と (b) 正八角形ができる

正方形と正八角形ができる。このやり方を繰り返せば、無限に大きな正方形と正八角形ができることになる。

正多角形ではないが、これとは別に、45°の三角定規を隙間なくつなげて、8枚羽根の風車ができる（図 5.5(a)）。赤ちゃんのベッドの上に飾るような風車だ。川の流れを利用した水車の形でもある。

このとき、風車の8枚の定規を図 5.5(b) のように均等に外側に引っ張っていくと、あるところで図 5.5(c) のような面白い形になる。あるところというのは、45°の三角

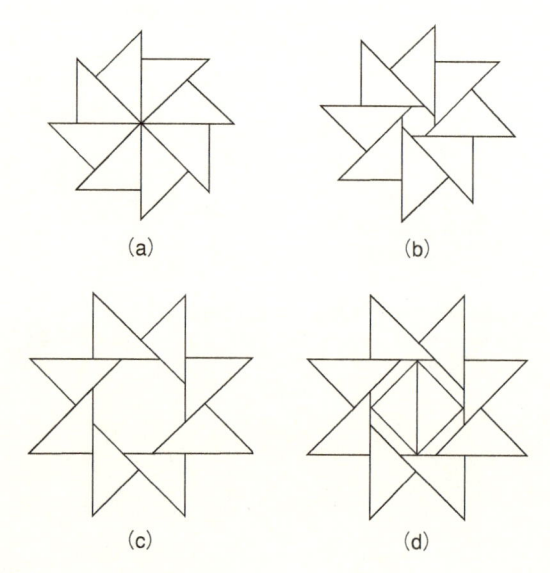

図 5.5 45°の三角定規 8 枚の (a) 風車を (b) のようにふくらませて (c, d) 星形正八角形へ

定規 2 枚が図 5.5(d) のように、内部の正八角形の穴にぴったりはまった場所である。このときにできた図形の輪郭は、8 つの頂点を一筆書きでつなげて描かれた星形正八角形である。

図 5.6 にいくつかの星形正多角形を示した。どこかで見たことのある人も多いだろう。星形正六角形は「ダビデの星」で、一筆書きはできない。一方、星形正七角形は 2 種類あって、どちらも一筆書きができる。星形正八角形は、一筆書きができるものと、できないものがひとつずつある。星形正九角形以上も考えてみると面白いだろう。

なお、図 5.5 のどの風車も、8 ヵ所のとがった先を線分

5   6   7   8

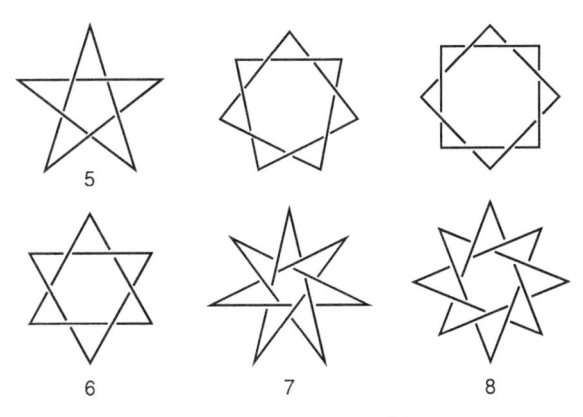

図 5.6　いろいろな星形正多角形

でつなげていくと、大きさは違うが、正八角形ができる。それは、この4つの風車が共通に、「8回回転対称」という性質をもっているためだ。1回転する間に8回、元と同じ形になる、という性質である。

一般に、360°回転させる間にn回だけ元と同じ図形に戻るという対称の性質を「n回回転対称」という。そこでもう一度図5.6を見てほしい。ここに登場する星形正n多角形はみな、n回回転対称になっているのだ。

60°の三角定規で遊ぶ

45°のものに比べ、60°の三角定規には3つの異なる角度があるので、もっとバラエティのある遊びができる。隙間のない風車には、図5.7のような4角、6角、12角の3種類のものができる。

(a)　　　　　(b)　　　　　(c)

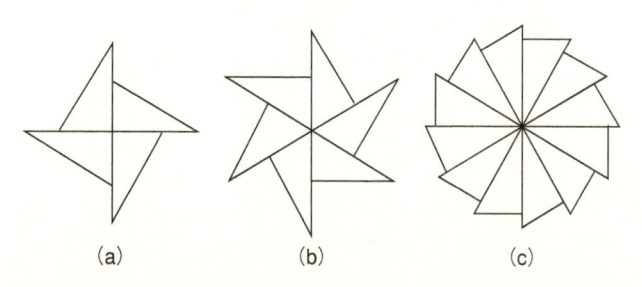

図 5.7 60°の三角定規からできる (a)4枚、(b)6枚、(c)12枚羽根の風車

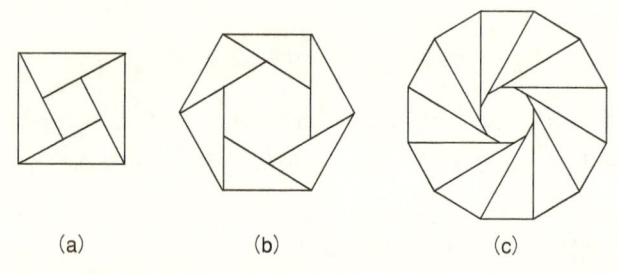

(a)　　　　　(b)　　　　　(c)

図 5.8 60°の三角定規からできる (a)4角、(b)6角、(c)12角の穴開き多角形

　これらは、それぞれ、「4回、6回、12回回転対称」の性質をもっているから、とがった先を直線でつなげると、それぞれ、正方形、正六角形、正十二角形が描かれるのである。

　次に、図5.4の場合と同じように、中央に隙間をもった4、6、12角の正多角形が図5.8のようにできる。これらの図形においても、外側の輪郭と、内側の穴は同じ正多角形になっている。

　では、これ以外の正多角形はできないのだろうか。ちょ

第5章 三角定規で遊ぶ

図 5.9 45°と60°の三角定規を組み合わせてつくった正二十四角形とそのユニット

っと調べると、45°と60°の三角定規を組み合わせれば正二十四角形ができることがわかる。その結果が図5.9に示してある。さきほどの図5.2にあった2枚の組み合わせが、そのユニットのパーツになっている。

内側の24個の「でっぱり」を直線でつなげれば、やはり正二十四角形が描かれる。さて、正二十四角形のひとつの内角の大きさは何度だろうか。45＋30＋90＝165で、165°になっている。

ドラフターの狂乱

ここまで見てきたように、45°と60°の三角定規では、60°のほうがいろいろな所に顔を出してくる「でしゃばり」で、英語でもとくに「ドラフター(drafter)」という名称

で呼ばれることがある。ただし、英和辞典でこの言葉を探しても、「起草者」とか「起草案」という意味しか載っていない。これは筆者も知っている米国のパズル好きな数学者ペッグ（Ed Pegg, Jr.）という人が、「製図用具」という意味ももたせてつけた愛称である。

ドラフターを2つくっつけてできた多角形の図形は「ダイドラフター（didrafter）」と呼ばれている。図5.10(a)のダイドラフターでは、その元になる正三角形がわかるように破線を引いてある。となり同士の正三角形は、各辺で裏返しの関係になっている。ところが、図5.10(b)のダイドラフターは、その元になる正三角形同士を辺の半分の長さだけずらしてできたものである。こうして前者を第1種、後者を第2種と区別する。ここでは、AからFまでの素直な第1種の6種類のドラフターだけを考えよう。

ところが、この中のEとFは裏返すと違う形になってしまうので、その裏表の両方の図形を対等に扱って考えることにする。そこで、A〜Dも2枚ずつ含めて、合計12枚のダイドラフターを隙間なく敷き詰めてきれいな形ができるかどうかを調べると図5.11のようなものが得られる。

なお、使っているドラフターの数が同じなので、この図5.11のいろいろなパターンの面積はみな同じになっている。そこで、面積の計算だけからの推測であるが、図5.12の(a)と(b)のようにきれいなパターンもこの12枚でタイリングできる可能性がある。ただし、まだこのタイリング問題は解けていない。パズル好きの筆者には気になってしようがないのだが、みなさんはどう考えますか。

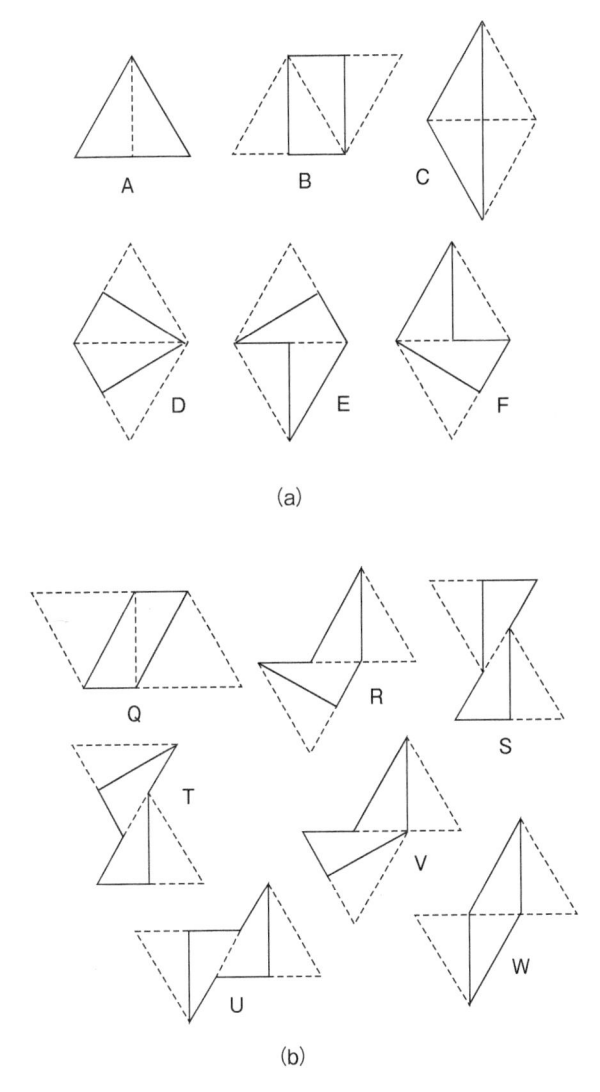

図 5.10 第1種 (a) と第2種 (b) のダイドラフター

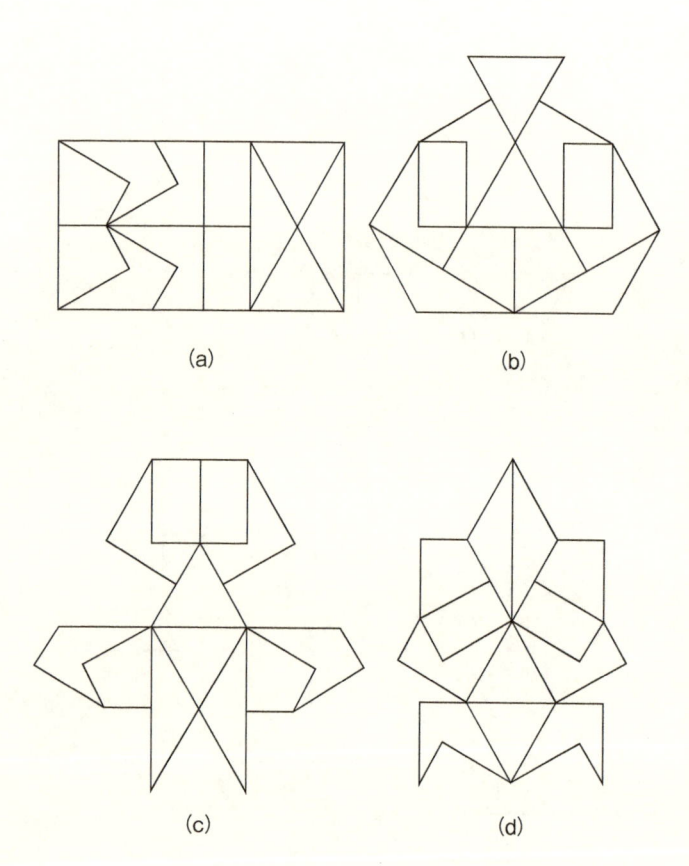

図 5.11 第 1 種 2 枚ずつのダイドラフターを使ってできるきれいな
タイリングパターン
(a) 長方形、(b) 巾着袋、逆さにすると名探偵コナン、
(c) 通せんぼう、(d) さむらい

(a)

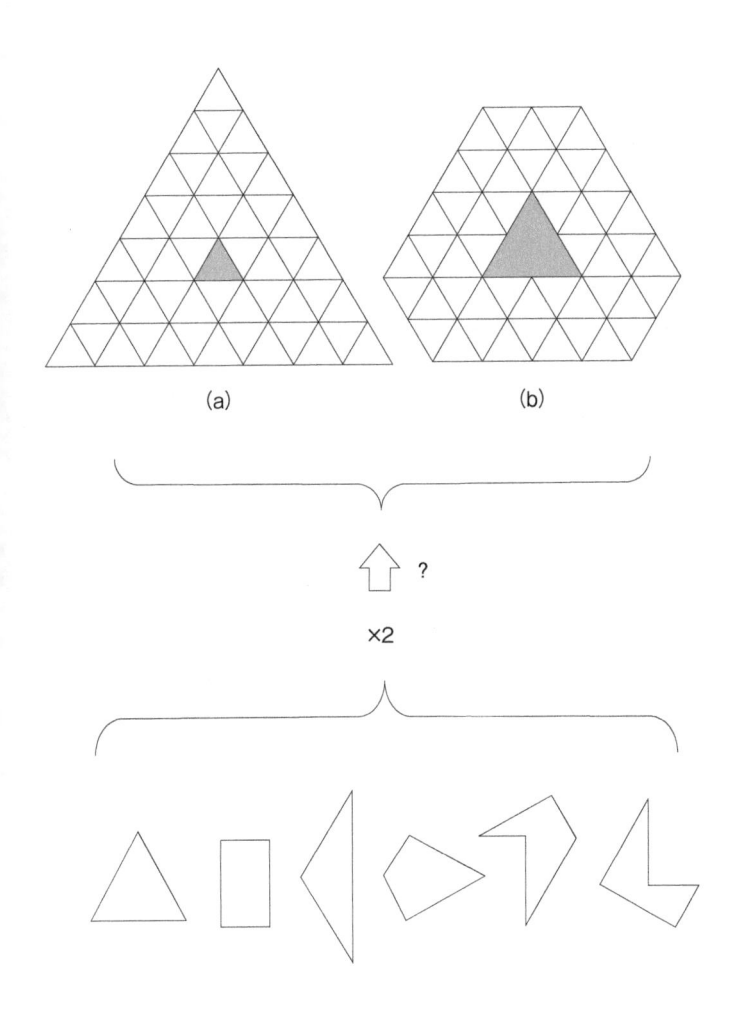

(b)

図 5.12 第1種2枚ずつのダイドラフターで隙間なくタイリングできるかどうか

121

エターニティ・パズル

　ちょっと横道にそれるが、ドラフターの話の延長で、世界的に有名なパズルがあるので紹介しよう。

　ダイドラフターは第1種と第2種を合わせて13種類あるが、第1種に限っても、ドラフターの数を3枚、4枚、5枚と増やしていくと、その種類は14、64、237と急速に増える。そのため、それらのタイリングの問題は加速度的に難しくなり、コンピュータなしではとても解決できない状況にある。

　そこに出てきたのが「エターニティ・パズル」である。これには、12枚のドラフターを組み合わせた、言ってみれば「ドデカドラフター」が登場する。このドデカドラフターは、第1種のものだけでも、その種類がなんと740万近くもあるという。その中で比較的コンパクトな形をしている図5.13に示したような209種類を使い、正十二角形に近い枠の中に隙間なく詰め込むパズルが、1999年の6月にイギリスで発売された。その名も「エターニティ・パズル（eternity puzzle）」、つまり永遠に解けないパズルである。しかも、その発売元とデザイナーは、向こう4年以内にそれを解いた人に100万ポンドの賞金を与えると発表したのである。彼らには、まともなコンピュータ・ストラテジーでは絶対に解けないという自信があったからである。

　ところが、翌2000年5月に、ケンブリッジ大学の2人の若い数学者が、見事にひとつの解を出して賞金をせし

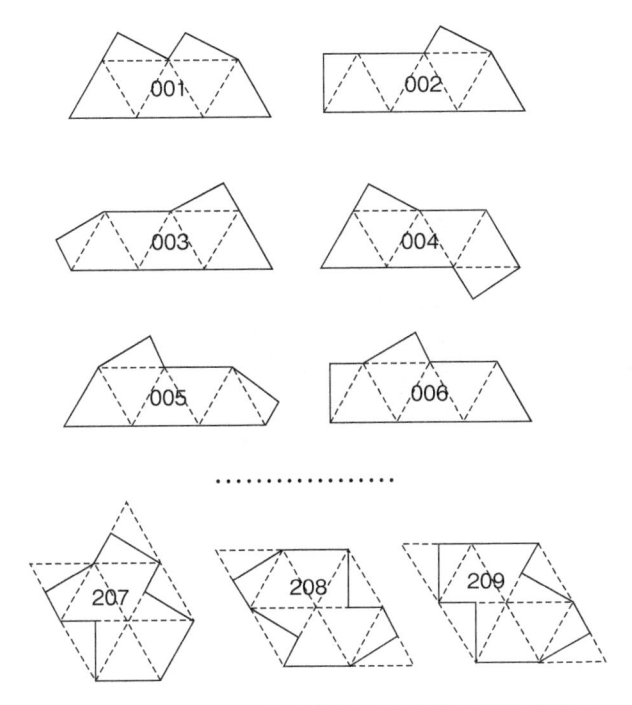

図 5.13 エターニティ・パズルに使われる 209 枚のドデカドラフター

めてしまったのである。その年の 7 月にはドイツの数学者が別解を得た。解の総数は 10 の 100 乗を超えるのではないかと推測されている。

これらの解の著作権はイギリスのモンクトン社にあるのだが、現在インターネットで誰でも簡単に見ることができるので、図 5.14 にその解のひとつを示しておく。この図の中に 2508(＝12×209) 個の 60°の三角定規が隙間な

く詰まっているのだ。たんにクレージーと言うなかれ。ここに至るまでには、数多くの数学者とコンピュータプログラマーの英知と努力の積み重ねがあるのだ。

図 5.14 最初に得られたエターニティ・パズルの解

Solution by Alex Selby. Eternity pieces copyright © 1999 by Christopher Monckton

第6章

アイゼンシュタインの三角形

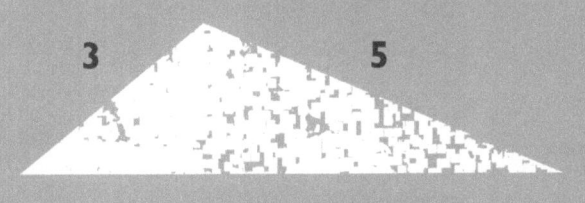

3   5

7

三角関数の復習

ここまで来たら、三角関数をちょっぴり思い出してもらいたい。その中のコサイン（cos）だけでもよいのだ。日本語ではうやうやしく「余弦」という。三角関数は18世紀の前半にヨーロッパから中国を経由して日本に伝えられたようなので、「余弦」という言葉は当時の中国の数学者がつけた名前であろう。

直角三角形 ABC の ∠BCA が直角の場合、∠ABC = θ（シータ）のコサインは次のように定義される。

$$\cos\theta = \frac{BC}{AB}$$

しかし、こんなふうに言われてもピンと来ないので、次のようにして覚えた人も多いだろう。「コサイン（cos）の頭文字"c"を筆記体で書いたときの筆の動きのように（斜

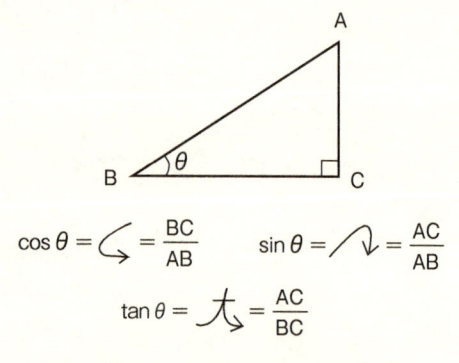

図6.1 代表的な三角関数の定義

辺）分の（底辺）」。同様に、サイン（sin）は筆記体のs、タンジェント（tan）は筆記体のtを書くときの形で表せる。

ここで3種類もの三角関数が出てきてしまったが、この場では、その中のコサインだけを使うので安心してほしい。

表6.1には、いくつかの角度のコサインの値を示してある。30°と45°の値は、三角定規の各辺の長さから思い出してもらいたい。また、角度 θ が0°から90°までがプラスで、90°から180°までがマイナスになるということと、どんな角度でも ±1 を超えない、ということも覚えておいてほしい。

表 6.1 いくつかの代表的な角度のコサインの値

角度 θ (°)	0	30	45	60	90	120	180
$\cos \theta$	1	0.866	0.707	0.5	0	−0.5	−1
		$\frac{\sqrt{3}}{2}$	$\frac{\sqrt{2}}{2}$				

余弦定理はピタゴラスの定理の拡張版

高校の数学で「余弦定理」というのは習っているのだが、堅苦しい名前のために嫌われているような気がする。しかし、図6.2のような一般の三角形があったときに、その「二辺夾角」から対辺の長さがきちんと求められるという、素晴らしい公式である。嫌われ者扱いをされている

のはかわいそうだ。その式というのは

$$c^2 = a^2 + b^2 - 2ab\cos\theta \quad \cdots\cdots 式①$$

というもので、2辺 a と b の間の夾角 θ が何であっても成り立つ。つまり、どんな三角形についても当てはまる、ピタゴラスの定理の拡張版である。

$$c^2 = a^2 + b^2 - 2ab\cos\theta$$
$$\cos\theta = \frac{a^2 + b^2 - c^2}{2ab}$$

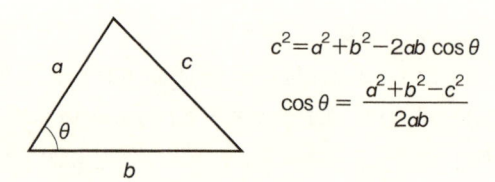

図6.2 余弦定理

直角三角形の場合は、直角をはさむ2本の足 a と b の間の角が直角だから、$\cos\theta = 0$ で、上の式はピタゴラスの定理そのものになる。

正三角形ではどうだろうか。$a = b$ で、$\cos\theta = \dfrac{1}{2}$ だから、

$$c^2 = a^2 + a^2 - 2a^2 \times \frac{1}{2} = a^2$$

となり、めでたく、$c = a$ が求まる（図6.3(a)）。

60°の三角定規は、その正三角形を真半分にしたものだから、図6.3(b)のように、短いほうの足を a とすれば $b = 2a$ となるから、

128

第6章 アイゼンシュタインの三角形

$$c^2 = a^2 + (2a)^2 - 2a(2a) \times \frac{1}{2} = (1+4-2)a^2 = 3a^2$$

となり、めでたく、$c = \sqrt{3}\,a$ が求まる。

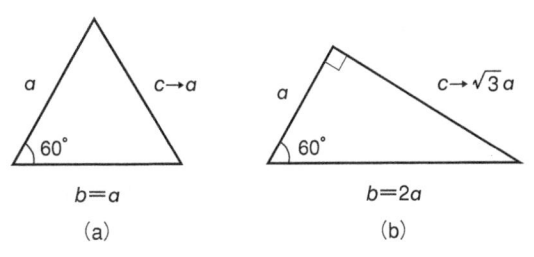

図 6.3 余弦定理の (a) 正三角形と (b) 60°の三角形への応用

次に、式①を変形して次のようにしてみる。この式を使えば、3辺のわかっているどんな三角形の角度も知ることができる。

$$\cos\theta = \frac{a^2 + b^2 - c^2}{2ab} \quad \cdots\cdots 式②$$

これも大事な式である。式①と式②を合わせて余弦公式ともいう。

じつは、余弦定理を使いこなすためには、$\cos\theta$ の値がわかったときに、その角度 θ がいくらかがすぐ出てこなければならない。今ではパソコンのソフトや関数電卓を使えば、ボタンひとつでたちどころに θ が10桁の精度で出てくる。とはいえ、手短にざっくりと値がわかればいい場合もある。そういうときに便利なのが図6.4のグラフだ。

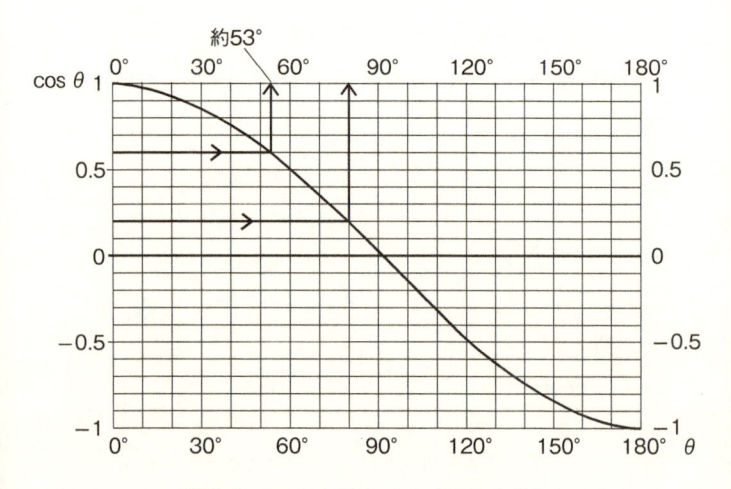

図 6.4 $\cos\theta$ の値から θ を求めるグラフ

たとえば $\cos\theta = 0.2$ の θ がほしければ、左端の縦軸の 0.2 の目盛りの線を右にたどって行き、曲線にぶつかったところで真上に進むと横軸の 80° のところにぶつかる。これで $\theta \fallingdotseq 80°$ ということがわかるのである。厳密に計算すると、この θ は 78.46° なのだが、このくらいの誤差はここでは問題にしないので、以降の説明で角度が気になったらこのグラフで確認してほしい。

いろいろな整数三角形の角度を調べる

余弦定理は「習うより慣れろ」なので、いろいろな三角形についてこの定理を当てはめてみよう。ここではその練習台として、底辺が3で、残りの辺が整数になる三角形を

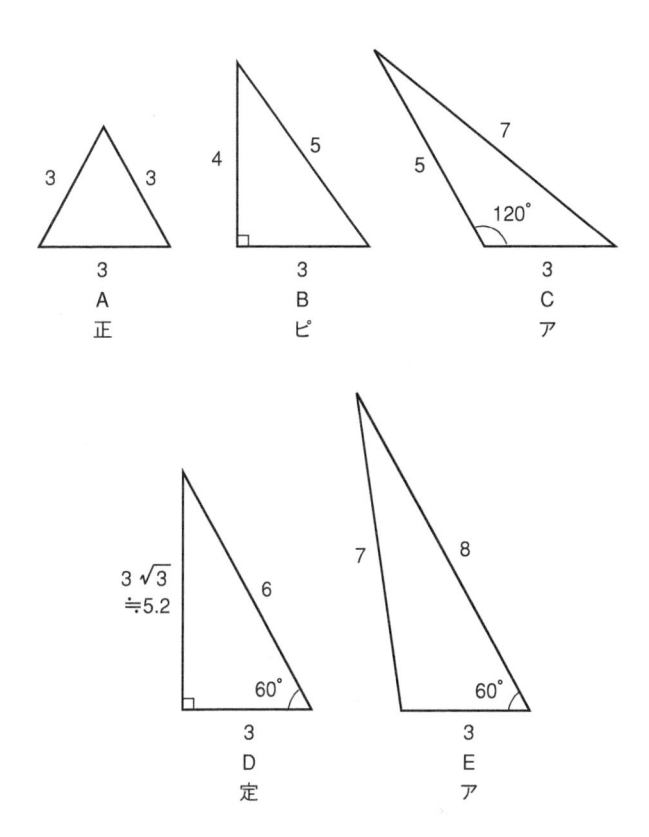

図 6.5 面白い性質がありそうな、1辺が3の整数三角形

取り上げてみよう。

図6.5に挙げたのは、その中でも何か面白い性質がありそうな三角形のグループだ。三角形A(以下△Aと記す)は正三角形で、これについては先ほど調べた。△Bはピタゴラスの三角形の元祖様である。図6.5には「ピ」という記号をつけておいた。ところで、辺3と5にはさまれた

131

右側の底角はいくらなのだろうか。式②に従って計算すると、

$$\cos\theta = \frac{3^2+5^2-4^2}{2\times 3\times 5} = \frac{18}{30} = \frac{3}{5} = 0.6$$

となるので、さっそく図6.4で調べると、おおよそ53°くらいだ。正確な計算では53.13°だから、結構いい線をいっているではないか。他のどんなピタゴラスの三角形を調べても、直角以外の角はこのように半端な値になっているのは仕方がないことである。

次に△Cの左の底角を調べよう。すると、正確に

$$\cos\theta = \frac{3^2+5^2-7^2}{2\times 3\times 5} = \frac{-15}{30} = -\frac{1}{2}$$

となるから、図6.4で見るまでもなく表6.1から $\theta=120°$ という結果が得られる。残念ながら、他の角は21.8°と38.2°で半端な値になっているが、少なくともひとつの角はきれいな120°という値になっている。つまりこれは、3辺が整数で、ひとつの角度がきれいな120°という、ピタゴラスの三角形よりはやや劣るが「珍品」の類とみてよいだろう。今はとりあえず、これに「ア」という記号をつけておく。「ア」が何を意味するかはのちほど種明かしする。

さて、60°の三角定規の短いほうの足の長さを3にしてやると、斜辺はその2倍の6になる。長い方の足は $3\sqrt{3}$ で整数ではないが、第5章で紹介したとおり、60°の三角定規にはいろいろと面白い性質があるのでここに含めた。

$3\sqrt{3}$ は 5 より少し大きいおよそ 5.2 となる（△D）。これには定規から 1 文字とって「定」という記号をつけておく。

一方、3 辺を (3, 5, 6) とする三角形は、ひとつの角が直角に近いが、ごく平凡な不等辺三角形である。そこで、一辺が 3 で、もう少し大きい整数三角形を調べると、△E のような一角が 60°のものが見つかる。計算すると $\cos\theta = \dfrac{1}{2}$ である。これにも一応「ア」印をつけておこう。

1 辺が 3 の整数三角形で話題性のあるものはもっとありそうだが、他には図 6.6 に示したようなニアミス的なものしかみつからない。先ほどの (3, 5, 6) の三角形もここに含めた（△F）。上段のものは、整数三角形だが角度が中途半端なもの、下段のものは、角度がきれいでも辺長がわずかに整数からはずれるもので、上下の対同士がどちらも中途半端になっている様子を見てほしい。

そこで、1 辺の長さが 5 の三角形で同じような探索をしてみた。すると、図 6.7 のように面白いものがいくつも見つかった。ただし、△B は前出のピタゴラスの三角形、△A′ は△A の正三角形と相似、△C も前出である。

次の△K と△L は、第 4 章の図 4.1 に出てきたヘロンの三角形（3 辺と面積が整数の三角形）である。

その次の△M は 1 角が 60°で、どうやら△D や△E とよい仲間になりそうである。最後の△N はピタゴラスの三角形で、すでに第 3 章に出てきた。その戸籍は (L1, M2) である。ピタゴラスの三角形の大家族の中で、1 辺

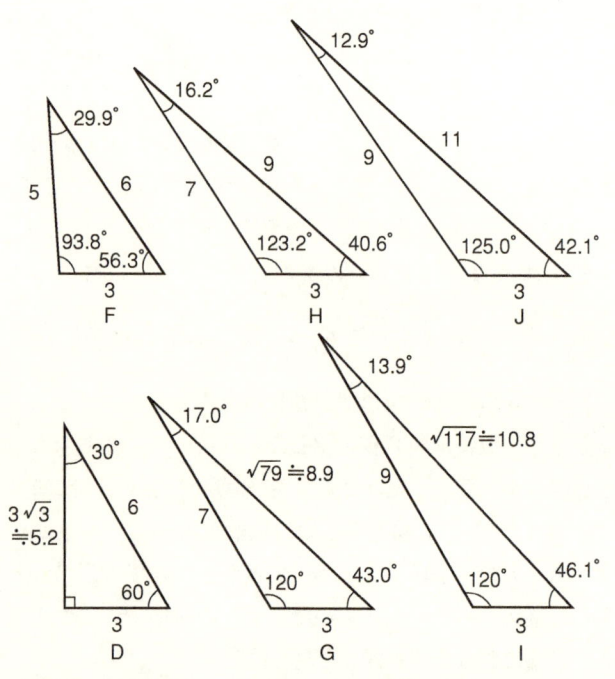

図 6.6 中途半端な、1辺の長さが3の整数三角形とそのお友達

が5のものは他にはもうない。

図 6.5 と 6.7 に出てきた整数三角形たちは、いくつかのグループに分かれているように見える。△A と △A' はもちろん正三角形、△B と △N はピタゴラスの三角形、△K と △L はヘロンの三角形などにくくれる。

第6章 アイゼンシュタインの三角形

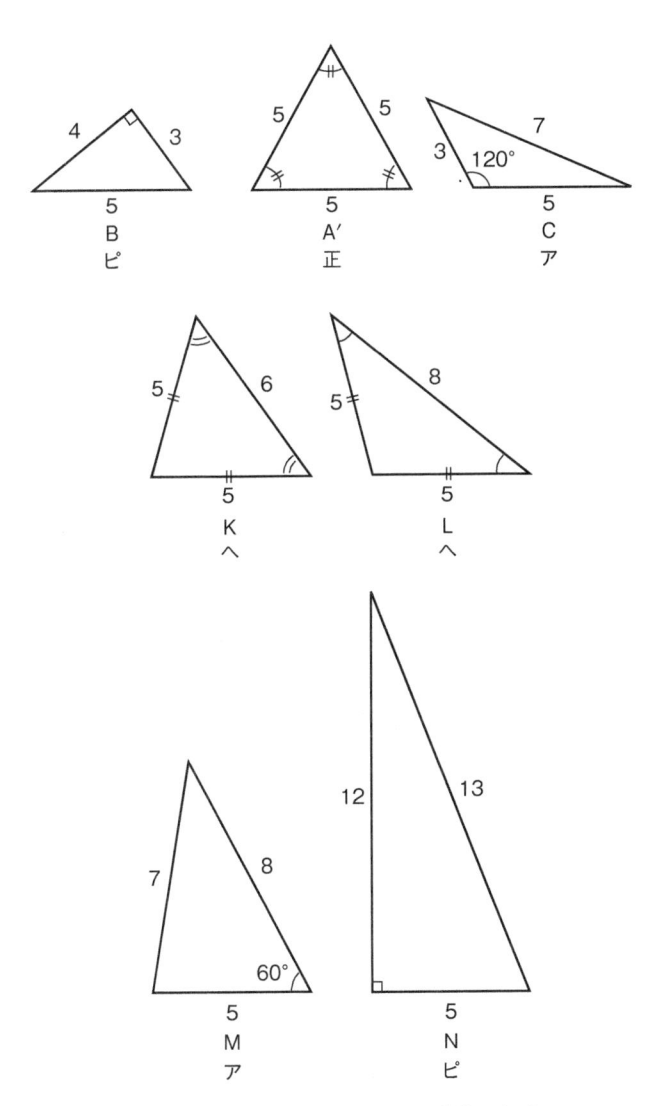

図 6.7 話題性のある 1 辺が 5 の整数三角形

アイゼンシュタインの三角形

　図6.5〜6.7に挙げた三角形で、これまでのグループ分けに漏れたのは△C、△E、△Mの3つだ。このうち△Cに注目すると、1角が120°で3辺が整数である。このタイプの三角形には、後述するようにピタゴラスの三角形に似た性質がある。3辺の長さを短い順にそれぞれa、b、cとすると次の式が成り立つのだ。

$$a^2 + b^2 + ab = c^2$$

　そこで、整数三角形のうち、このように1角が120°の整数三角形は、とくに「アイゼンシュタインの三角形」と呼ばれている。数学者である一松信が提案した名称である。

　さて残りの△Eと△Mだが、じつはこの△Cと関係がある。それを示したのが図6.8だ。1角が120°の△Cの上に、各辺を1辺とする正三角形を継ぎ足すと、底辺を7とする1角が60°の三角形が2つ描ける。これが△Eと△Mである。

　そこで、これら3つの三角形を、△Cを長兄とする3兄弟としてまとめて扱うことにする。じつは、この3つがアイゼンシュタインの三角形の最小の3兄弟で、それぞれの三角形には、辺の長さになぞらえて、「七五三」、「名古屋」、「質屋さん」という愛称が与えられている。

　アイゼンシュタインの三角形の3兄弟の関係をもう少し一般的に表すと、図6.9のようになる。

　では、この他にどんなアイゼンシュタインの三角形があ

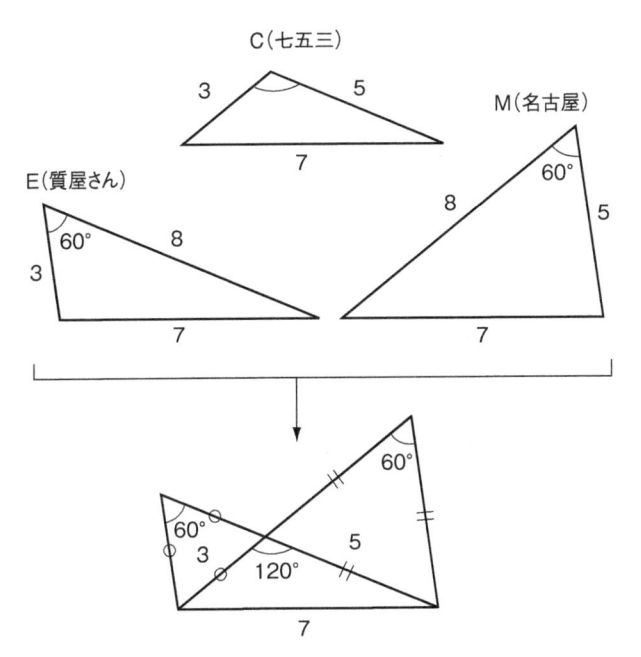

図 6.8 アイゼンシュタインの三角形の最小の 3 兄弟

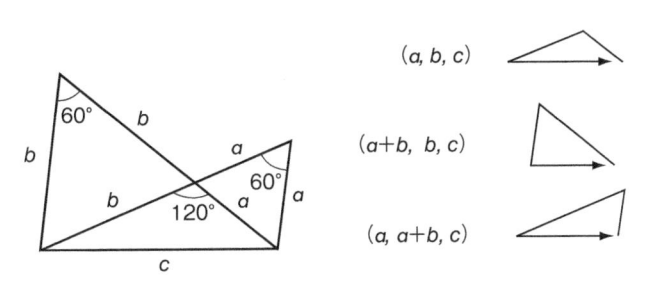

図 6.9 120°のアイゼンシュタインの三角形 (a, b, c) から 60°の弟が 2 人できる

るのだろうか。それには、いくつかのグループがあるということがわかっている。その中のひとつは次のような式で表される。それらの3辺 (a, b, c) は2以上の整数 m を使って、次のように表される。

$$a = m^2 - 1$$
$$b = 2m + 1 \quad (m = 2, 3, 4, \cdots) \quad \cdots\cdots 式③$$
$$c = m^2 + m + 1$$

弟の三角形の長辺にあたる a と b の和は、

$$a + b = m^2 + 2m \quad\quad\quad\quad\quad \cdots\cdots 式④$$

となる。

これらの長兄の3辺の間には、

$$\begin{aligned}
&a^2 + b^2 + ab \\
&= (m^2 - 1)^2 + (2m + 1)^2 + (m^2 - 1)(2m + 1) \\
&= (m^4 - 2m^2 + 1) + (4m^2 + 4m + 1) + (2m^3 + m^2 - 2m - 1) \\
&= m^4 + 2m^3 + 3m^2 + 2m + 1 \\
&= (m^2 + m + 1)^2 = c^2
\end{aligned}$$

で示されるように、

$$a^2 + b^2 + ab = c^2$$

という関係が成り立っている。

なお、弟たちの3辺の間の関係は、

$$a^2 + b^2 - ab = c^2$$

第6章 アイゼンシュタインの三角形

である。

さて具体的に式③、式④に $m=2$ を入れると、

$$a=3,\ b=5,\ c=7,\ a+b=8$$

が得られる。これは、さっきの3兄弟ではないか。

そこで、こんどは $m=3$ を入れると、

$$a=8,\ b=7,\ c=13,\ a+b=15$$

が得られる。これを図6.9にあてはめれば、

$$(8,\ 7,\ 13)、(15,\ 7,\ 13)、(8,\ 15,\ 13)$$

という別のアイゼンシュタイン3兄弟が生まれる。しいて愛称をつけるならば、この長兄は「やな13歳」ということになる。

表6.2には、式③と式④から出てくるアイゼンシュタインの三角形のグループの小さいものを示した。ただし、m が4や7など3つおきに、共通の約数で割ることのできる「可約」のものが出てくる。

表6.2 式③と式④で表されるアイゼンシュタインの三角形（斜体は可約）

m	2	3	4	5	6	7
a	3	8	*15*	24	35	*48*
b	5	7	*9*	11	13	*15*
c	7	13	*21*	31	43	*57*
$a+b$	8	15	*24*	35	48	*63*

三角タワー

　こんなにたくさんアイゼンシュタインの三角形に出てこられては頭が混乱する、という人もいるかもしれない。

　そこで、表6.2の$m=2$と3の2組のアイゼンシュタインの三角形だけを用い、それぞれの3兄弟を紙で切り抜いて組み合わせてみる。すると、「七五三」と「名古屋」、および $(8, 7, 13)$ と $(15, 7, 13)$ の4つを、図6.10のように隙間なくぴったりとくっつけることができるのだ。しかも、$(3, 3, 3)$ の正三角形を帽子にして、全体が、$(15, 15, 15)$ の正三角形になっている。

　この正三角形の斜辺の切れ目は、3、5、7というように、2ずつ増えている。そこで、図6.11のように、その先を9、11と延ばしてみる。そうしてできた2つの台形に対角線を引いてみると、その2本とも、21、31という整数になっているではないか。

　つまり、正三角形の上の頂点から降りてくる2本の斜辺に、3、5、7、9、11、13、…という間隔で印をつけて、体育の授業で使う台形を重ねた跳び箱のような図を描いてみる。さらに、それぞれの台形が2つの三角形に分かれるように斜めの線を順々に引いていく。すると、その斜めの線の長さは全部整数になり、しかもアイゼンシュタインの三角形が隙間なくつながった図が描けてしまうのだ。

　それでは、「七五三」と「名古屋」以外のもう一人の兄弟の「質屋さん」はどこへ行ったのだろうか。安心してほしい。「七五三」の辺3の上に $(3, 3, 3)$ の正三角形を貼

第6章 アイゼンシュタインの三角形

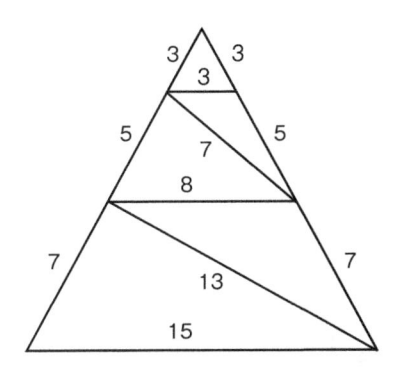

図 6.10 4枚のアイゼンシュタインの三角形と正三角形（3, 3, 3）のつくる大きな正三角形

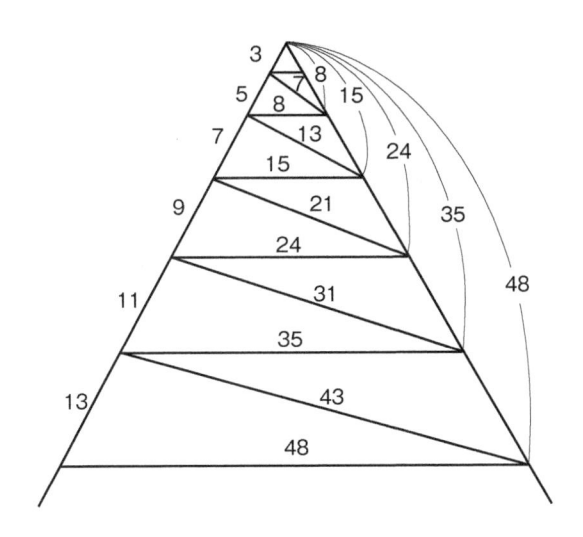

図 6.11 表6.2のアイゼンシュタインのつくる大きな正三角形

141

り付けると「質屋さん」(7, 8, 3) ができるではないか。同様に、「やな 13 歳」の辺 8 の上に (8, 8, 8) の正三角形を貼り付けると (15, 8, 13) ができる。つまり、この三角タワーの中には、表 6.2 に関係のあるアイゼンシュタインの 3 兄弟が全部入っているのである。

次に図 6.12 を見てほしい。この三角タワーの中には、

$$a = m^2 - 2^2$$
$$b = 2(2m + 2) \quad (m = 3, 5, 7, \cdots) \quad \cdots\cdots 式⑤$$
$$c = m^2 + 2m + 4$$

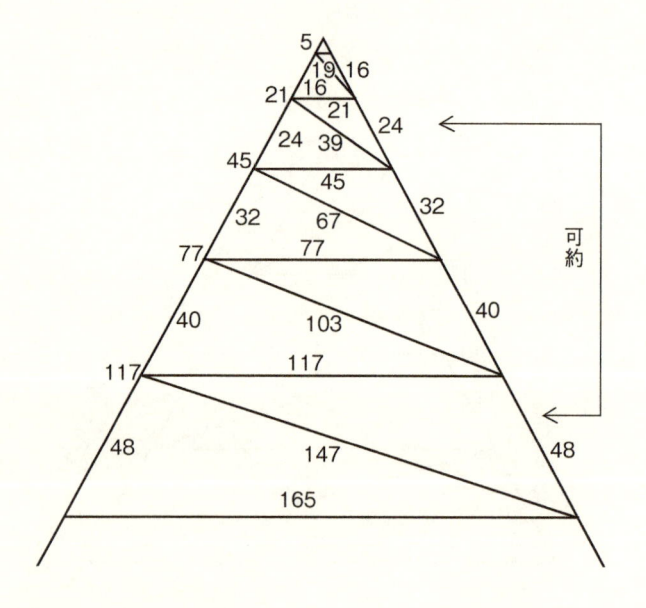

図 6.12 式⑤で表されるアイゼンシュタインの三角形のつくる三角タワー

と、それから派生するアイゼンシュタインの三角形のもうひとつの系列が含まれているのだ。

ここには図示しないが、式③と同じ式で $m = 4, 6, 8, \cdots$ の一群は、また別の三角タワーを作ることがわかっている。

じつは、アイゼンシュタインの三角形の3辺は、一般に次の式で表されるということがわかっている。

$$a = m^2 - n^2$$
$$b = n(2m + n)$$
$$c = m^2 + mn + n^2$$

式③は $n = 1$、式⑤は $n = 2$ という特別の場合である。そして、これらの系列も図6.11と図6.12のように、三角タワーをつくりあげることができるのである。

60°の三角定規に収束するアイゼンシュタインの三角形

図6.9で $a = b + 1$ とおいてみよう。そうすると、頂角60°をはさむ2辺の長さが b と $2b + 1$ というアイゼンシュタインの三角形の弟ができる。その b を大きくしていけば、どんどん60°の三角定規に近づいていく。結果として表6.3のような一群の答えが見つかる。

このとき、(a, b, c) という三角形は $(30°, 30°, 120°)$ という三角形に、また $(a + b, b, c)$ という三角形は60°の三角定規に、限りなく近づくことがわかるであろう。そ

して、辺 $a+b$ は直角三角形の1辺に、辺 c はその高さに限りなく近づく。したがって $\frac{3(a+b)}{2c}$ という比は $\sqrt{3}$ に収束するはずである。結果もそのようになっていることを確かめてほしい。

三角形という簡単な図形でも、このように奥の深い数学が関係してくるということを知ってもらいたい。

表6.3 60°の三角定規に収束するアイゼンシュタインの三角形(弟)群

m	3	11	41	153
n	1	4	15	56
a	8	105	1456	20273
b	7	104	1455	20272
c	13	181	2521	35113
$a+b$	15	209	2911	40545
$\frac{3(a+b)}{2c}$*	<u>1.7307</u>	<u>1.732044</u>	<u>1.73205077</u>	<u>1.73205080739</u>
θ	92.2°	90.16°	90.011°	90.001°

a と b は無限に近づく

*アンダーラインのところまで正しい

第 7 章
二等辺三角形と黄金三角形

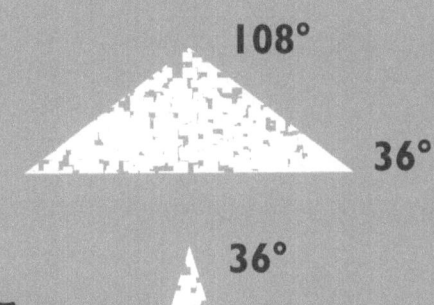

正五角形の中の黄金三角形

　第5章では、正三角形と正方形を半分に切って、それぞれ60°と45°の三角定規をつくり、いろいろと遊んでみた。では、正五角形を分割してできる三角形ではどうだろうか。じつはこの三角形にも面白い性質がある。

　図7.1(a) のように1頂点から2本の対角線を引くと、鋭角と鈍角の2種類の二等辺三角形ができる（図7.1(b)）。この中の左側の鋭角のものは、とくに「黄金三角形」と呼ばれている。とはいえ、右側の鈍角のほうも非常

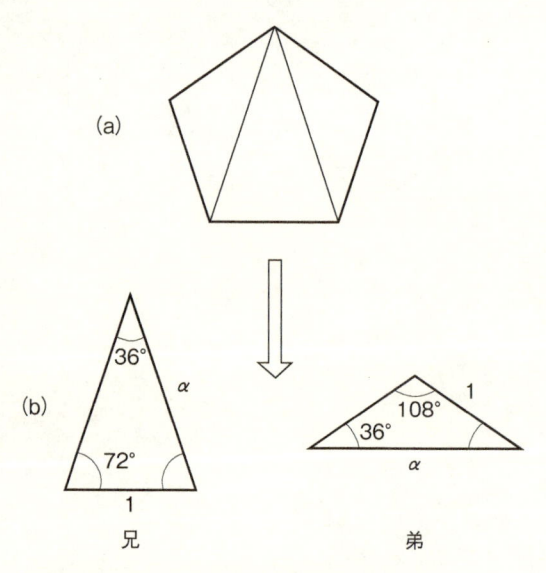

図7.1 正五角形 (a) からできる2種類の二等辺三角形 (b) 鋭角のものが黄金三角形（兄）、鈍角のものが弟。図中の α はこのあと説明する黄金比である

に興味深い働きをするので、ここでは両方とも取り上げ、鋭角のものを「兄」、鈍角のものを「弟」と呼ぶことにしよう。別に、兄が鋭くて、弟が鈍いというわけではない。弟の名誉のために言っておく。

　黄金三角形の「黄金」という名前は「黄金比」からきている。黄金比とは、人間が最も美しいと感じる長さの比のことだ。西欧では古くから、人体のいろいろな部位の間の比や、美的価値の高い建造物や日用品の縦横比に、この黄金比が現れることが知られていた。その美しい黄金比が、この三角形の中にも隠れているというのだ。いったいどこに？　それを調べるために、まずこの兄弟の三角形の各角度の計算をしておこう。

　最初は弟の頂角から。正五角形は、図 7.1 で見たとおり 3 つの三角形に分割されるから、その内角の総和は 180×3 で $540°$ である。それを 5 等分したのが、正五角形の 1 内角、つまり弟の頂角で $108°$ ということになる。すると、残りの等しい 2 つの角は $36°$ と求まる。以降この角（頂角に対する 2 つの角）はちょくちょく登場するので、便利のため本書では「伏角」と呼ぶことにする。弟の伏角は $36°$ である。

　次に兄の頂角だ。これは正五角形の 1 内角から弟の伏角の 2 倍を引いた値で、これも $36°$ になる。そこから兄の伏角は、$72°$ と求まる。このように、$36°$ と $72°$ は非常に大事な角度であるし、これが黄金三角形の兄弟を支えているのである。

　これで黄金比を計算する元のデータがそろった。では次

にどうするかというと、図 7.2 のように、兄の伏角のひとつ∠ACB を 2 等分して対辺にぶつけ、その交点を D とする。すると、なんと兄の身体は、弟 1 体と兄の分身 1 体とに分かれたではないか。これから、

$$\triangle \text{ABC}(兄) \infty \triangle \text{CDB}(兄の分身)$$

という相似の関係が導かれる。「∞」は相似を表す記号だ。

そして、兄の底辺 BC の長さを 1 とし、斜辺 AB = AC の長さを x とすると、

$$\frac{\text{AC}}{\text{BC}} = \frac{\text{CB}}{\text{DB}}$$

ここから、

$$\frac{x}{1} = \frac{1}{x-1}$$

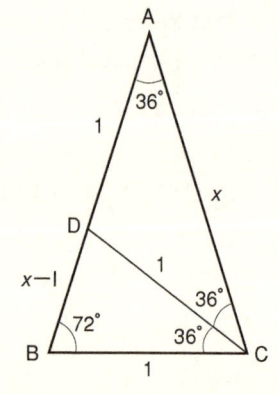

図 7.2 黄金三角形を分割する

という比例の式が得られる。分母を消すために、両辺に $x-1$ を掛ける。すると

$$x^2 - x = 1$$

となるので、右辺の 1 を移項すれば、

$$x^2 - x - 1 = 0$$

という2次方程式が得られる。2次方程式の解の公式を使ってその x を求めると、

$$x = \frac{1 \pm \sqrt{5}}{2}$$

となる。この2根を α、β とすると、それらの数値は次のようになる。

$$\alpha = \frac{1+\sqrt{5}}{2} = 1.61803\cdots、\quad \beta = \frac{1-\sqrt{5}}{2} = -0.61803$$

　黄金比というのはこの α の値のことだ。つまり、黄金三角形の底辺と斜辺の比が黄金比になっているのである。本によっては、黄金比を表すのに τ（タウ）や、ϕ（ファイ）というギリシャ文字が使われるが、本書ではすべて α で通すことにする。

　一方、β の値に注目すると、その絶対値 0.618 は α から 1 を引いた値であることがわかる。さらにその値は、α の逆数でもある。ある数の逆数とは、その元の数に掛けたら 1 になるという数だ。ためしに α と β に値を入れて確

かめると、

$$\alpha|\beta| = \frac{\sqrt{5}+1}{2}\frac{\sqrt{5}-1}{2} = \frac{5-1}{4} = 1$$

となることがわかる。

黄金比とペンタグラム

　長方形に現れる黄金比についても触れておこう。

　図7.3のように、1辺が1の正方形（黒）を中央付近に置いてから、次の規則に従って次第に大きな正方形を渦巻き状に置いていく。最初は、同じ大きさの1の正方形（白）を左横にぴったりと付ける。これで辺の長さが2対1の長方形ができる。次に1辺が2の正方形をぴたりと下に付けて大きな長方形をつくる。長いほうの辺の長さは3になるので、長い辺を短い辺で割った比の値は1.5になる。

　さらに、その長いほうの辺の長さの3を1辺とする正方形を右横に付けると、辺の長さが5対3の長方形ができる。この比の値は$\frac{5}{3} = 1.66\cdots$となる。

　こうして次々に正方形を足していくと、その正方形の1辺の長さは次のようになる。

$$1, 2, 3, 5, 8, 13, 21, \cdots$$

　こうして出てくる長方形の縦横比の値は、

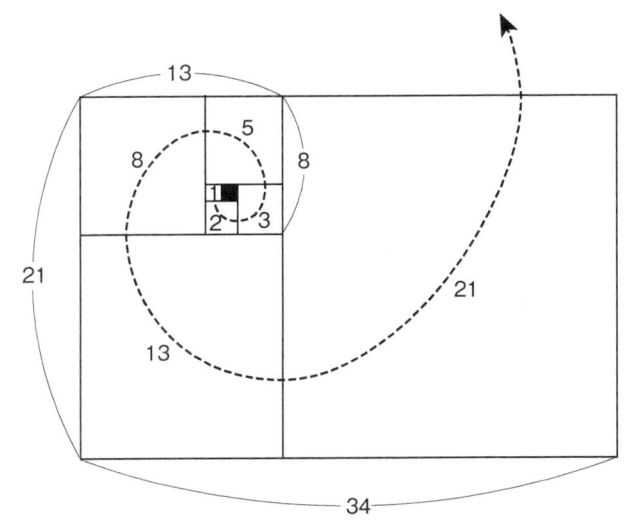

図 7.3 正方形を渦巻き状に付け加えていくと黄金比の長方形ができる この図の $\frac{34}{21}$ でほぼ 1000 分の 1 もの精度がある

$$\frac{8}{5} = 1.6, \quad \frac{13}{8} = 1.625, \quad \frac{21}{13} = 1.615\cdots, \quad \frac{34}{21} = 1.619\cdots$$

のように、急速にある一定の値に近づいていく。それが、先ほど求めた $\alpha = 1.61803\cdots$、すなわち黄金比なのである。

図 7.3 とは逆に、初めに縦横比が黄金比の長方形からスタートして、短いほうの辺と同じ長さの正方形を渦を巻くように切り落としていくと、図 7.3 で黒く描かれた部分も縦長の黄金比の長方形になり、この渦巻きは無限に小さく巻いていくのである。

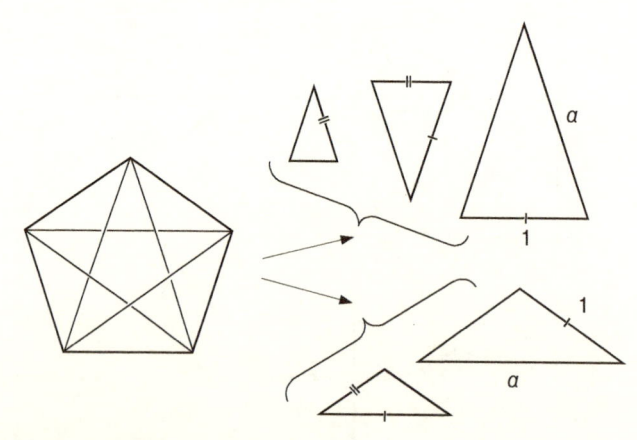

図 7.4 正五角形の中のペンタグラムと、その中に隠されたたくさんの黄金比

　三角形、四角形ときたので、他の図形も紹介しよう。いたるところに黄金比のちりばめられた極めつきの図形が、図 7.4 の左側に描かれた「ペンタグラムパターン」である。

　ペンタグラムというのは、元来この正五角形の中にある星形の部分をいうのだが、数学的な扱いをする場合には、外枠の正五角形がついているほうが便利なので、この図で考えることにしよう。

　この図の中には、$1 : a$ の関係にある 2 辺の組み合わせがたくさん見られるので、この図の右側に描き直してみた。よく見ると、どれも図 7.1 で紹介した黄金三角形の兄弟に他ならない。

フィボナッチ数とルカ数

　以上は幾何学的な図形の中の黄金比だが、代数的な考え方からも黄金比は定義されている。フィボナッチ数という有名な数列を紹介しよう。

$$1,\ 1,\ 2,\ 3,\ 5,\ 8,\ 13,\ 21, \cdots$$

　最初は1, 1でスタートし、3項目は、この初めの2つの1を足して2とする。この2と、その前の1を足すと3になるので、2の次に3と書く。こうして順々に、数列の末尾の連続する2数を足した答えをその後に書き加えるようにしてできた数列が、フィボナッチ数列である。なんとこれは、図7.3に出てきた「渦巻き正方形」の系列そのものではないか。

　さて、このフィボナッチ数列を数学的に定義するには、どのように表せばいいだろうか。じつは数学には、「漸化式」と呼ばれる便利な数式がある。今回はそれを使ってみよう。

　最初の2つの1を、それぞれ

$$f_0 = 1,\ f_1 = 1$$

と書くと、それ以後は、

$$f_n = f_{n-1} + f_{n-2} \qquad (n \geq 2) \qquad \cdots\cdots 式①$$

と表すことができる。これが漸化式と呼ばれるもので、フィボナッチ数列は、じつはこんなシンプルな式で定義され

ているのだ。

　この数列は、ひまわり、松ぼっくり、パイナップル等々、いろいろな植物の葉の出方（葉序）や実のつき方に出現する不思議な数列として有名である。

　図7.5(a)は、ある松ぼっくりの付け根の部分をていねいにスケッチしたものであるが、これだけを見たのでは、規則性がわからない。そこで、図7.5(b)のように、時計回りと反時計回りの2種類の渦巻き群を描き加えてみた。どのひとかけらでも、時計回りと反時計回りの渦巻きが必ず1つずつ交差するようになっている。ローマ数字で番号を振った時計回りの渦は8本、アラビア数字の反時計回りの渦は13本、これらは隣りあったフィボナッチ数である。

　松ぼっくりの中には、この(8, 13)の他に、(3, 5)とか(5, 8)という別の数の組み合わせのものも知られているが、フィボナッチ数であることには変わりがない。

　パイナップルも8と13の組み合わせが多い。ひまわりの花びらは、何と55対89というフィボナッチ数の組み合わせになっている。非常に多くの植物の生育の仕方に、フィボナッチ数の数理が隠されているのである。

　さて、このフィボナッチ数列には興味深い性質がいくつかあるのだが、ここでそのひとつを取り上げてみる。フィボナッチ数列のn番目の項f_nを、ひとつ手前の項f_{n-1}で割った値を並べていくと次のようになる。

第7章 二等辺三角形と黄金三角形

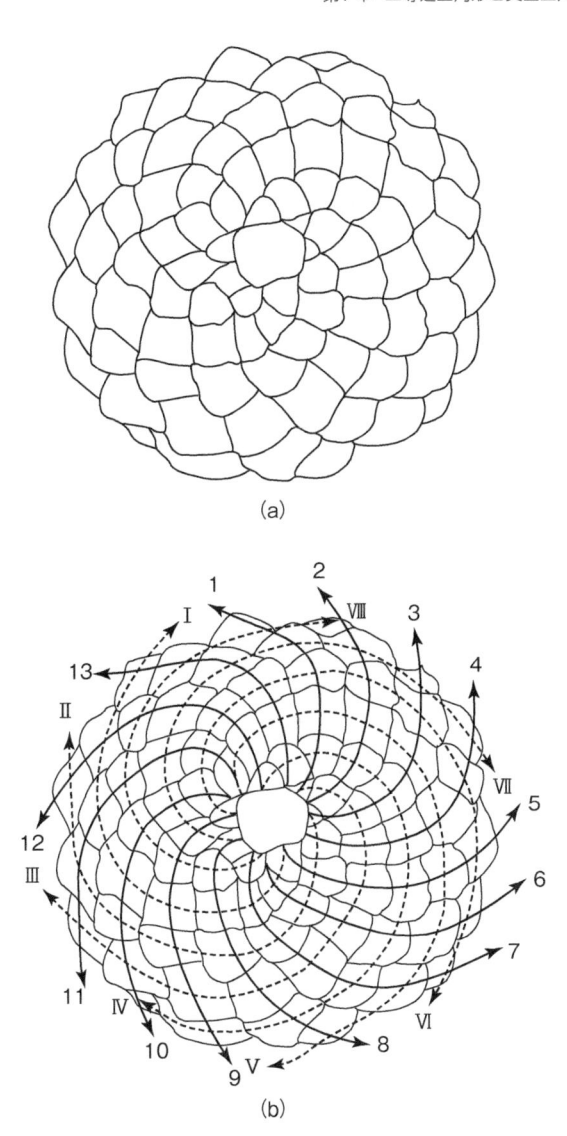

(a)

(b)

図7.5 松ぼっくり (a) の中のフィボナッチ数8と13 (b)

155

$$\frac{1}{1}, \frac{2}{1}, \frac{3}{2}, \frac{5}{3}, \frac{8}{5}, \frac{13}{8}=1.625, \frac{21}{13}=1.6153\cdots,$$

$$\frac{34}{21}=1.6190\cdots, \frac{55}{34}=1.6176\cdots, \cdots$$

これは次第にある一定値 x に収束するように見える。それを、

$$\frac{f_n}{f_{n-1}} \to x$$

という書き方で表すことにしよう。次に、フィボナッチ数列を表した式①の両辺を f_{n-1} で割ってみる。

$$\frac{f_n}{f_{n-1}} = 1 + \frac{f_{n-2}}{f_{n-1}}$$

n の大きいところでは、左辺は x となる。右辺の第2項は $\frac{1}{x}$ に限りなく近づくと考えられるから、この式は、

$$x = 1 + \frac{1}{x}$$

と書いてよいだろう。この両辺に x を掛けて移項すると

$$x^2 - x - 1 = 0$$

となる。なんと、これは黄金三角形から黄金比を求めたのと同じ式だ。ということは、フィボナッチ数列の隣りあっ

た2つの数の比は、黄金比に収束するということがわかる。

途中の計算は省略するが、この結果を使ってフィボナッチ数列 f_n の一般式は

$$f_n = \frac{\left(\frac{1+\sqrt{5}}{2}\right)^{n+1} - \left(\frac{1-\sqrt{5}}{2}\right)^{n+1}}{\sqrt{5}}$$

として求まるのだが、ルートの入ったこんなごちゃごちゃした式はごめんだという人が多いだろう。でも、君だけ一人でびくびくする必要はない。

じつは、12世紀から13世紀にかけて活躍し、この数列を発見したフィボナッチ自身も、当時は漸化式で議論をしており、この一般式は知らなかった。それどころか、この式をビネというフランスの数学者が見つけたのは、フィボナッチの時代から600年以上も経った19世紀半ばのことなのだ。とはいえ、一見数学っぽくて格好のよい一般式よりは、最初に紹介した漸化式のほうが扱いやすいし、小学生にもわかってもらえるのである。

フィボナッチ数の兄弟、ルカ数

少し式の計算がごちゃごちゃしてきたので、図形の話に戻ろう。まず兄である黄金三角形だけを使い、どんな正多角形ができるか考えてみよう。答えは図7.6(a)～(c)に示した。穴開きの正五角形(a)、五角形の風車(b)、そし

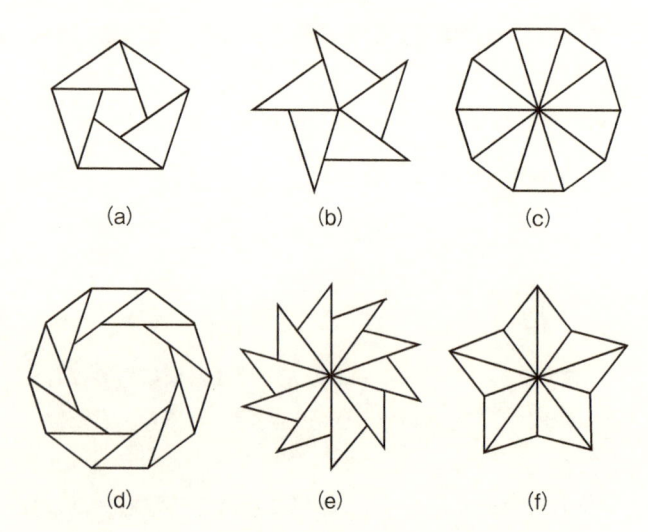

図7.6 黄金三角形の兄と弟だけからできる正多角形6種

て穴のない正十角形（c）の3種である。

次に、弟のほうはどうだろうか。図7.6(d)~(f) には、弟の結果を兄のものと並列的に描いてある。(d) は穴開きの正十角形、(e) は十角形対称の風車、(f) は穴のない正五角形対称の星形である。この (f) は、このあとにも出てくるので覚えておいてほしい。

さてこの兄弟については、先ほども図7.2で、

$$兄 = 弟 + 兄の分身$$

という関係を示したが、その他にも図7.7のように、両者が協力しあって、分身とは逆の無限に大きいモンスター兄弟をつくりあげていくことができる。Aが兄、Bが弟、P

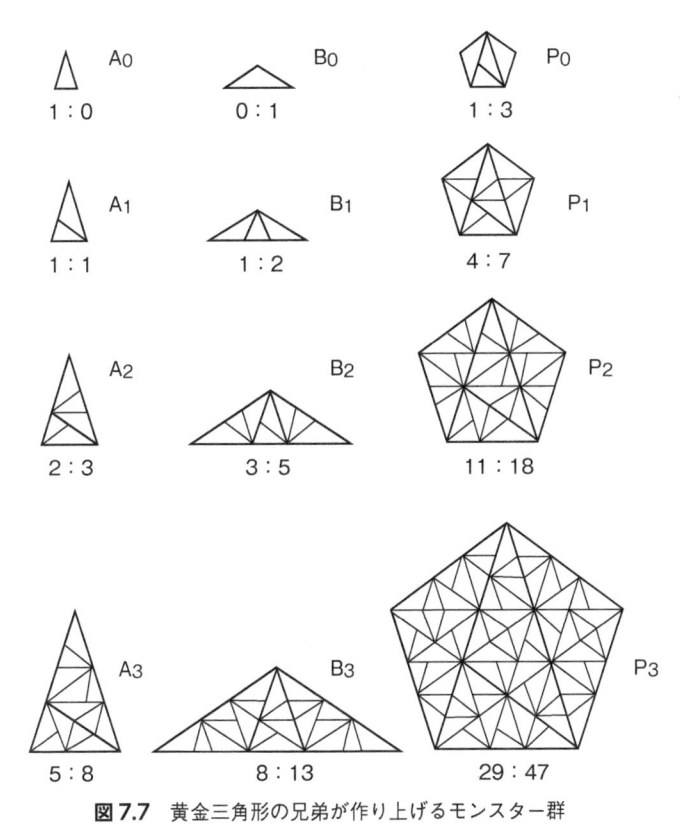

第7章 二等辺三角形と黄金三角形

A₀ 1:0
B₀ 0:1
P₀ 1:3

A₁ 1:1
B₁ 1:2
P₁ 4:7

A₂ 2:3
B₂ 3:5
P₂ 11:18

A₃ 5:8
B₃ 8:13
P₃ 29:47

図 7.7 黄金三角形の兄弟が作り上げるモンスター群

が正五角形の系列になっている。

ただしここでは、兄弟のそれぞれいちばん小さいものとして、兄の分身を A_0、弟を B_0 としてある。各図形の下の「2:3」などの数字は、左側がその図形を構成する兄の三角形の数、右側が弟の三角形の数を表している。五角形のいちばん小さい P_0 は、図 7.1(a) とは違い、1個の A_0 と

3個のB_0からできていると考え、P_0の下は1:3となっている。

ここでおそらく気がついた読者もいるかと思うが、この図のA_n、B_nの系列をつくりあげている三角形（A_0とB_0）の個数は、すべてフィボナッチ数になっている。では、五角形P_nの系列はどうだろうか。じつはこれも、ルカ数という有名な数列になっている。

ルカ数というのは、フィボナッチ数f_nと同じ繰り返しの式、

$$L_n = L_{n-1} + L_{n-2}$$

をもつが、初期値だけが、

$$L_0 = 2, \quad L_1 = 1$$

というように少し違い、次のような数列になる。

1, 3, 4, 7, 11, 18, 29, 47, 76, 123, 199, …

ルカ数列は、フィボナッチ数列と同様に、数学の世界だけでなく、自然界、とくに植物の世界によく顔を出すことで広く知られている。そういう目で、あらためて図7.7のA_n、B_n、P_nの系列をつくりあげるA_0とB_0の個数が、フィボナッチとルカの両数列からなっていることに注目してほしい。表7.1にこの2つの数列を並べて示しておこう。

なお、n番目のルカ数L_nは、同じn番目のf_nとその2つ手前の$n-2$番目のf_{n-2}の和になっている。式で表すと、次のような関係があるのだ。

表 7.1 フィボナッチ数列 f_n とルカ数列 L_n の比較

n	1	2	3	4	5	6	7	8	9	10
f_n	1	2	3	5	8	13	21	34	55	89
L_n	1	3	4	7	11	18	29	47	76	123

$$L_n = f_n + f_{n-2} \qquad (n \geq 3)$$

表 7.1 を使って自分で確かめてもらいたい。

日本古来の幾何学的模様

図 7.7 を見ると、この 2 種の三角形で平面をどこまでも隙間なく敷き詰められることが想像できるであろう。第 2 章で取り上げたタイリングである。

2 種類を使わなくても、図 7.8(a) のように同じ大きさの正三角形 1 種類でも平面を敷き詰めることができる。しかも、いくつかの定められた方向に繰り返し模様ができている。これを「周期的タイリング」と呼ぶ。正多角形では、他に正方形と正六角形でこのような周期的タイリングができる（図 7.8(b, c)）。

日本人は古くから、このような周期的タイリングの模様を考え出して、日常的に使っていた。実際に、(d) は着物や風呂敷等によく使われている「麻の葉」模様である。1 種類の二等辺三角形だけでできている。(e) も日本の伝統的な「紗綾型」模様である。実際は、斜め模様が多いのだが、こんな複雑な図形を 1 種類使っただけで、たくみに平

面を周期的に敷き詰める模様を考えてしまった。日本人のもつ優れた美的かつ数学的センスである。

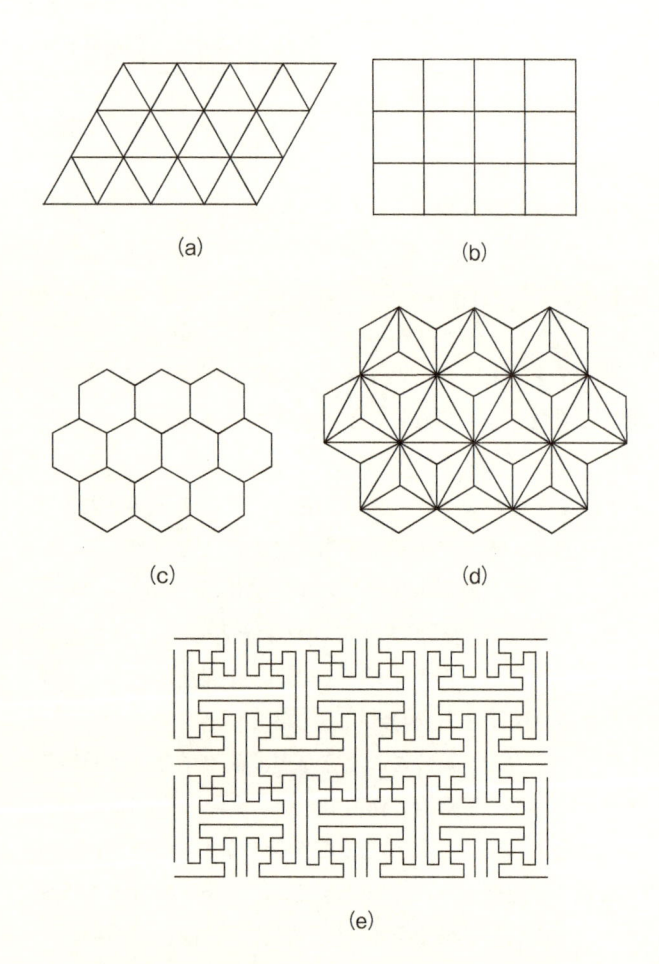

図 7.8 平面の周期的タイリング模様のいくつかの例

第7章 二等辺三角形と黄金三角形

紋章の中の三角形

　日本古来の模様に優れた幾何学的な図形のあることを紹介したが、日本のどの家にも伝わっている紋章の文化にも見るべきものがある。総数が約5000あるといわれているが、動植物をモチーフにしたものが大部分だ。そして、その動植物を左右対称にしたものから始まって、三角、四角、五角形にデザインしたものもかなり多い。一方、種類はだいぶ減るが、幾何学図形にも面白いものがある。そこで、本書のテーマである三角形のものに限っていくつか紹介することにしよう（図7.9）。

　三角形そのものが1個という紋章はないが、(a)のように「三角稲妻」とデザインされた面白いものがある。次の(b)は、正三角形が4つではなく、白い正三角形を3つ重ねた「三つ鱗」である。(c)のように6個の正三角形を環状につないで、六角形の穴を開けたのが「六つ鱗」である。

　次の(d)は、白い正三角形を7個積み上げ、正三角形の穴を3つ開けてあり、「七つ繋ぎ鱗」という。(b)と(d)は、パターンとしては正三角形の周期的タイリングの一部分を切り取ったようなものである。(b)の正三角形を鈍角の二等辺三角形に置き換えた(e)は「北條鱗」といって、鎌倉時代にさかのぼる歴史をもっている。

　この三角形より少し大きい120°の頂角をもつ二等辺三角形を12枚使った「麻の葉」(f)は、(g)の「藪麻の葉」でわかるように、周期的タイリングができるので、着

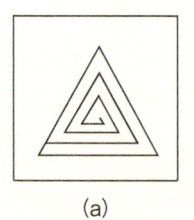

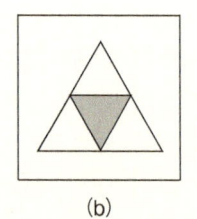

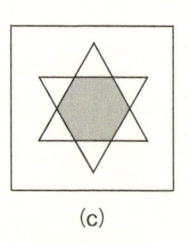

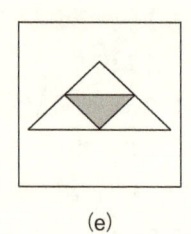

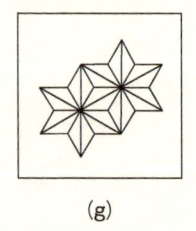

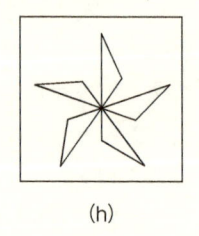

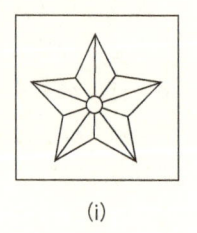

図 7.9 三角形をモチーフとした日本の紋章。
(a) 三角稲妻、(b) 三つ鱗、(c) 六つ鱗、(d) 七つ繋ぎ鱗、
(e) 北條鱗、(f) 麻の葉、(g) 藪麻の葉、(h) 五つ鱗車、
(i) 麻の葉桔梗

物や風呂敷の模様によく使われている。菱形6枚がつくる正六角形の周期的タイリング模様として理解することができる。

さて、(h) の「五つ鱗車(うろこぐるま)」は、二等辺三角形5枚でつくった5回回転対称の紋章だが、周期的なタイリングはもうできない。この (h) に鏡映対称の性質を付け加えてできたのが、「麻の葉桔梗(ききょう)」と呼ばれる紋章 (i) である。この中央には小さな円が付け加えられているが、それを取り除くと、図 7.9(f) と似たような紋章になる。この鈍角二等辺三角形は、図 7.1(b) にある黄金三角形の弟にほかならない。5000種もあるといわれるわが国の紋章の中で、黄金三角形はこの麻の葉桔梗だけであるが、数式を使わずに数学の高度な美しさをこのように表現することができた日本人の美意識に拍手を送りたい。

さて、三角形の七不思議（実際には7つ以上あったが）について、本書で読者に伝えたいことはこれで終わりだ。ここまで、いろいろな三角形を紹介してきた。そこで、それらの間の面白い関係を最後にお見せすることにしよう。

いろいろな三角形を長方形の中に埋め込む

三角形の3辺が等しいか等しくないかで、正三角形と二等辺三角形と不等辺三角形に大きく分かれる。次に角度について考えると、鋭角、直角、鈍角の3種類がある。これらの組み合わせによって、すべての三角形は、次の7種類のどれかに必ず属することになる。

① 正三角形
② 鋭角二等辺三角形
③ 直角二等辺三角形
④ 鈍角二等辺三角形
⑤ 鋭角不等辺三角形
⑥ 直角不等辺三角形
⑦ 鈍角不等辺三角形

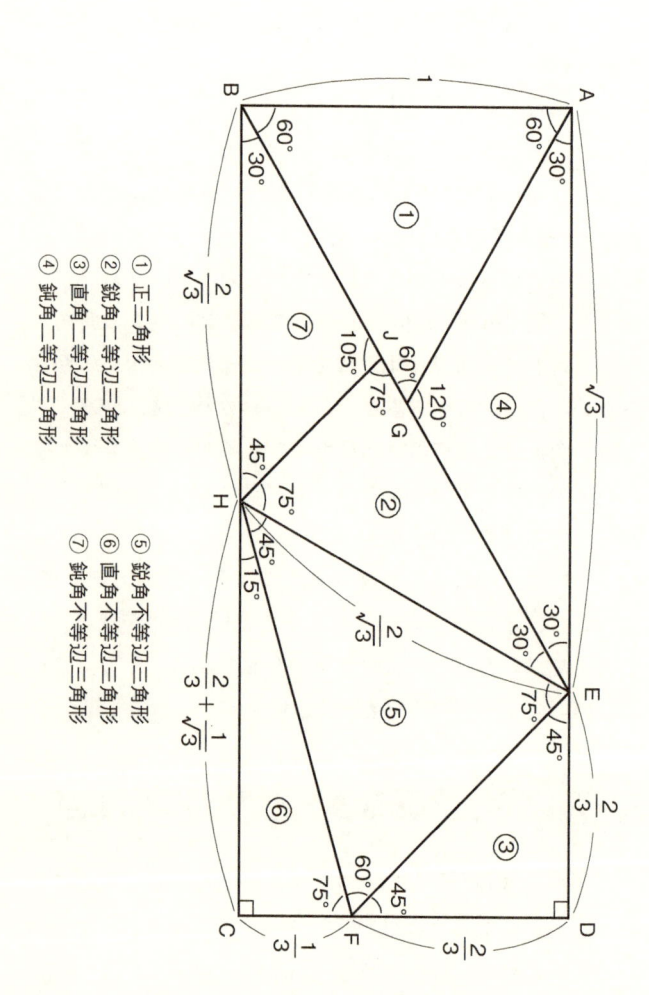

図 7.10 7種類の三角形を隙間なく並べて長方形をつくる。どの角度も 15° の倍数になっている

第7章 二等辺三角形と黄金三角形

正三角形	鋭角二等辺三角形	鋭角不等辺三角形
	直角二等辺三角形	直角不等辺三角形
	鈍角二等辺三角形	鈍角不等辺三角形

この7種の三角形を、隙間なくある長方形の中に埋め込む方法はすでに知られているのだが、最近になってパズル作家の石井源久氏が、どの角も15°の整数倍になっているきれいな方法を考え出したので紹介しよう（図7.10）。

幾何学的な図形の中で最も簡単な三角形にも、不思議で面白い性質がたくさんあることをわかってもらえただろうか。なお、図7.10の作図方法については巻末に解説を加えたので、興味ある読者は自分で図を引いて確かめてほしい。

おわりに

　この本を読み終えた読者は、三角形のもつ数学的な面白い性質だけでなく、平方根や三角関数の基本的な知識やその使い道などについて、理解もだいぶ進んだし、親しみももてるようになったはずだと思う。

　いや、まだちょっとそこまでは、という人もいるかもしれない。でも、そういう人も含めて、聞いてもらいたいことが、じつは残っているのだ。

　それは、この本で紹介したのは、紙の上に定規や物差しを使って書いた「三角形」という図形に限った話題だけで、この他にも「三角形」と名前のついたさまざまな世界があることを知ってもらいたいのである。

　大自然の中には、「夏の大三角形」とか「冬の大三角形」という夜空に展開する星の世界や、「バーミューダの魔の三角形」と呼ばれる大西洋上の不思議な領域もある。江戸時代の後期に伊能忠敬は、日本中を歩き回って正しい測量を行い、日本全土を三角形で埋め尽くした。東京スカイツリーだってエベレストだって、三角形を立体的につなぎ合わせてその高さを正確に測ることができるのだ。

　これはあまり広く知られていないことだが、東京から真西に 8000 km ほど行くとイランの首都テヘランに着く。

おわりに

そこで90°右に向きを変えて真北に6000 km行くと北極点に到達する。そこでまた右に直角（正確には88°）向きを変えて真南に6000 km下ると、なんと東京に戻ってくる。つまり、東京、テヘラン、北極点という球面三角形の3つの角はほぼ全部直角なのだ。

また、バックミンスター・フラーというアメリカの異能の建築家は、ダイマクション地図という正三角形20枚からなる正二十面体の地図を考え出した。それによると、地球上のすべての大陸と海が上下や縮尺の差もなく平等に1つの多面体の表面に投影される、という優れものである。

このような一見複雑に見える球面三角法とか、3次元の多面体の世界の不思議さも、順序を追って数学的にわかりやすく説明することができるのだが、今回は紙数の関係で紹介することができなかった。

一方、幾何でなく代数の世界にも「数三角形」という面白い三角形群がある。その中の代表格が「パスカルの三角形」だ。次ページの図を見てほしい。三角形のてっぺんに3つの**1**（太字）を置き、下の2つの**1**の真下にその2数の和の2を書く。こうして「Y字型の足し算」を続けていってできたのが、このパスカルの三角形だ。その各要素を、図に示したように左下から右上に足して行くと、なんとフィボナッチ数、1, 1, 2, 3, 5, 8, …が得られる。

このように、ある規則で（主に）整数が三角形をつくるように並べてできたものが数三角形で、この他に「フィボ

ナッチ三角形」「ルカ三角形」「ライプニッツ三角形」「オイラー三角形」等々があるが、英語のWikipediaを引くと、"Hosoya's triangle"というのも出てくるから面白い。

このような数三角形もけっこう奥深い数学と結びついているのだが、残念ながら、この世界の紹介もほとんどできなかった。

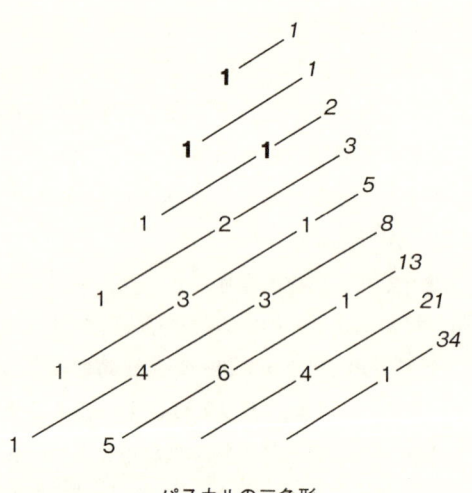

```
                    1
                1  1
             1  1  2
          1  2  1  3
                   5
       1  3  3  1  8
                   13
    1  4  6  4  1  21
                   34
 1  5
```

パスカルの三角形

三角形は図形的には極めて安定なものなのだが、心理的にはなんとなく不安を感じさせる。だから、交通標識に使われる三角形は、どこの国でも注意をすべき場所に使われ

るものが多い。競馬の予想では、「本命」でなく、意外性のある「穴馬」に三角印が使われるそうだ。ビルの立て込んでいるところで、上のほうの階の窓に赤い三角印がよく見られる。大事な意味があるのだが、それを知らない人がいるのではないだろうか。

今では、インターネットを自由に使うことができれば、それによって自分の知識と想像の世界をどんどん広げていくことができる。しかし、そのときには、ある程度の英語をマスターすることが必須だ。ウィキペディア等では、日本語版と英語版で情報量の多さと正確さで大きな違いのあることはざらにあるからだ。

たとえば、本書で紹介した「エターニティ・パズル」に関係のありそうな言葉だが、"eternal triangle" という英語がある。直訳は「永遠の三角形」だが、それは何だろうか。大きな国語辞典にも載っていない。そこで、日本語のウィキペディアを開いてもさっぱりわからない。答えは、小さくてもかまわないから、英和辞典を引けばすぐにわかることなのだ。英語の辞書には、楽器のトライアングルも、"a triangle of forces" や "red triangle" も出ている。

余計なことをあれこれ書き連ねてしまったが、とにかく、この「三角形の七不思議」の本をきっかけにして、読者の好奇心と知識欲をひとつひとつ実体のあるものにふくらませてほしい、というのが著者の願いである。

解説付録

■解説A　ラウスの定理の証明

図2.2(a)を図A(a)に再び描く。ただし、この時点では、各頂点から対辺に引いた線分が図2.2(a)に印をつけたようにきれいに分割されていることはわかっていない。3辺の3分の1の点を図のようにD、E、Fと、また中央の三角形を△GHIとする。線分DEを引く。

ここでひとまずわかりやすいように、図A(a)の中から、△ABC、及び点D、E、Gだけを拾って図A(b)を描く。△ABEの面積は元の三角形の$\frac{2}{3}$になっている。また、残りの面積$\frac{1}{3}$の△BCEは、面積が$\frac{1}{9}$の△BDEと$\frac{2}{9}$の△DCEに分かれる。ここで△ABE：△BDE＝$\frac{2}{3}:\frac{1}{9}$＝6：1になっていることに注意。

□ABDEが線分ADによって分割されているが、線分AG：DG＝6：1になっている。したがって△BDGの面積は△ABDの$\frac{1}{7}$だから、元の△ABCの$\frac{1}{3}\times\frac{1}{7}=\frac{1}{21}$になっている（図A(c)）。

ここで図A(a)に戻ると、上と同じような議論から、3個の三角形の面積がいずれも、△BDG＝△CEH＝△AFI＝$\frac{1}{21}$となっていることがわかる。

次に図A(a)の□BGIFを考える。この面積は、△ABD

172

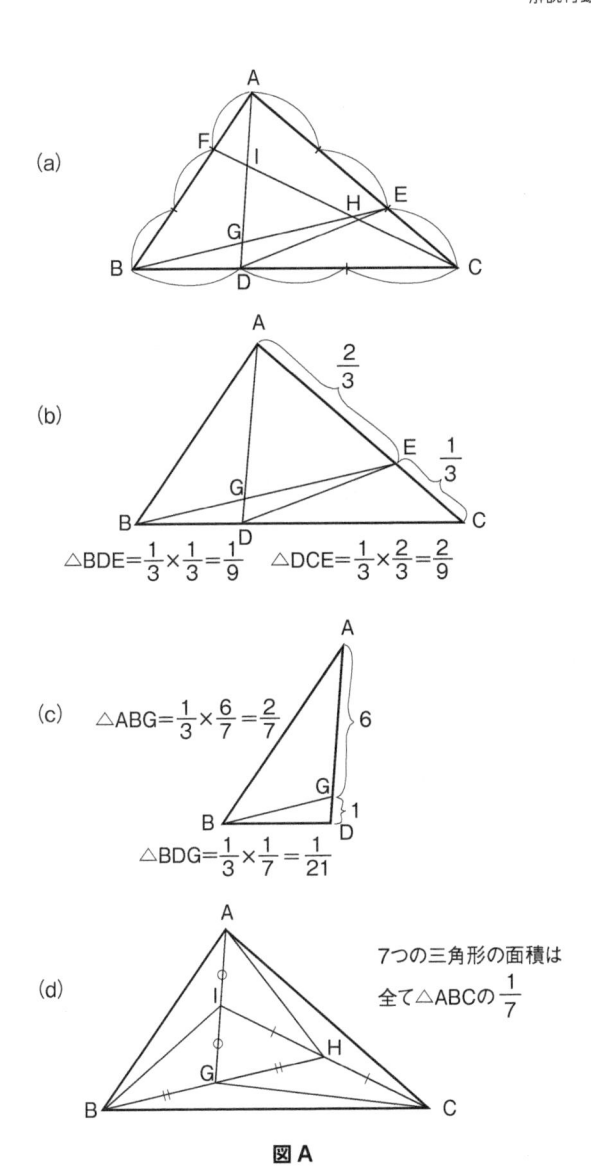

解説付録

(a)

(b)
$\triangle BDE = \dfrac{1}{3} \times \dfrac{1}{3} = \dfrac{1}{9}$ $\triangle DCE = \dfrac{1}{3} \times \dfrac{2}{3} = \dfrac{2}{9}$

(c) $\triangle ABG = \dfrac{1}{3} \times \dfrac{6}{7} = \dfrac{2}{7}$

$\triangle BDG = \dfrac{1}{3} \times \dfrac{1}{7} = \dfrac{1}{21}$

(d) 7つの三角形の面積は全て△ABCの$\dfrac{1}{7}$

図A

173

から面積が$\frac{1}{21}$の三角形を2個引いた値になっている。すなわち、□BGIF＝$\frac{1}{3}-2\times\frac{1}{21}=\frac{5}{21}$となっている。同じように、□CHGD、□AIHEの面積も$\frac{5}{21}$である。

結局、△GHI＝$1-3\times\frac{5}{21}-3\times\frac{1}{21}=\frac{3}{21}=\frac{1}{7}$という結果が得られる。

ここで図2.2(b)のように、新たに3本の線分を引くと、そこに描かれた7個の三角形の面積がすべて元の三角形の$\frac{1}{7}$になっていること、および、そこに描かれたように線分が分割されていることも証明される（図A(d)）。

■解説B　図2.7の証明

与えられた三角形の3辺の長さをL、M、Nとし、Lを$2:a:2$に内分する。MとNも、それぞれ、$2M:aM:2M$、および$2N:aN:2N$に内分する（図B(a)）。各頂点から対辺の分割点に図のように6本の線分を引き、それらの交点を結んでできるLと平行する2本の線分XとYの長さをこれから求める。

図B(a)から必要な線分だけを抜き出し、1本だけ新たな線分を引いたのが図B(b)である。$A \sim E$はすべて三角形の面積を表す。このとき、図B(a)に戻って、

$$\frac{X}{a}=\frac{y}{x+y} \quad \text{(B.1)}$$

に注意して、xとyをaや$L(=4+a)$と関係付けることが目

解説付録

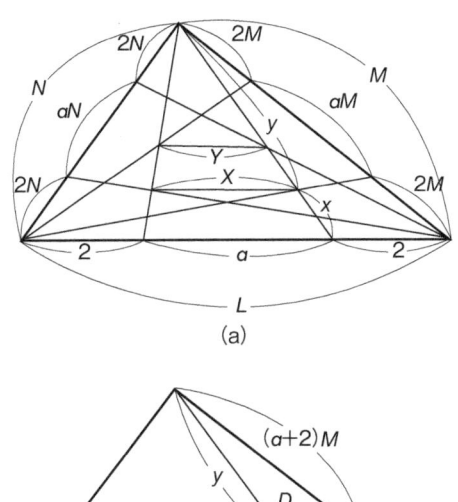

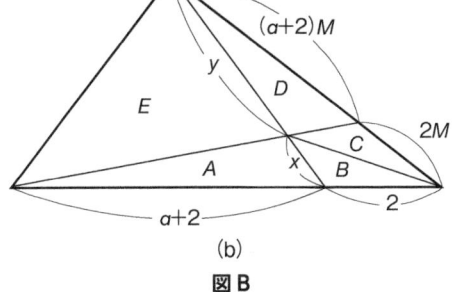

(a)

(b)

図 B

的である。

まず、図 B(b) で、

$$\frac{y}{x} = \frac{E}{A} = \frac{C+D}{B}$$

が成り立つことに注意しよう。さらに、

$$\frac{A}{B} = \frac{D}{C} = \frac{a+2}{2} \quad (\text{B.2})$$

および、$\dfrac{E}{D} = \dfrac{A+B}{C}$ (B.3)

が成立している。すでに、式 (B.2) から、

$$A+B = \left(1+\dfrac{2}{a+2}\right)A = \dfrac{a+4}{a+2}A$$

が得られている。

式 (B.3) から、

$$E = \dfrac{D}{C}(A+B) = \dfrac{a+2}{2}\dfrac{a+4}{a+2}A = \dfrac{a+4}{2}A$$

が得られる。これから、

$$\dfrac{E}{A} = \dfrac{a+4}{2} = \dfrac{y}{x}$$

が導かれる。したがって、式 (B.1) は、

$$\dfrac{y}{x+y} = \dfrac{\dfrac{a+4}{2}}{1+\dfrac{a+4}{2}} = \dfrac{a+4}{a+6} = \dfrac{X}{a}$$

となるので、

$$\dfrac{X}{L} = \dfrac{X}{a}\dfrac{a}{L} = \dfrac{y}{x+y}\dfrac{a}{a+4} = \dfrac{a}{a+6}$$

が得られる。

まったく同様にして、

$$\frac{Y}{L} = \frac{a}{2(a+3)}$$

も導かれる。

ここで $a=2$ を入れてやれば、

$$\frac{X}{L} = \frac{1}{4} \quad と \quad \frac{Y}{L} = \frac{1}{5}$$

が得られる。

■解説 C　ヘロンの公式の証明

図 4.4 と 4.5 を合体させたような図 C(a) を使うとわかりやすい。そこには、△ABC とその内接円、そしてひとつの傍接円が描かれている。この 2 円の中心、すなわち内心と傍心のひとつは、それぞれ I と J である。

この 2 つの円は、辺 BC(長さは a) とそれぞれ点 D と K で接している。ID は内接円の半径 r、JK はひとつの傍接円の半径 r_A である。

すでに図 2.11 と図 4.5 で見せたように、点 A、I、J は一直線上にある。また、内心と傍心を頂点にもつ 2 つの直角三角形 IBD と BJK は比例関係にある。この 2 つの関係をはっきりさせるために、あらためて図 C(b) と (c) を描き出してみた。

図 C(b) からは、△AFI と△ALJ の比例関係から、

$$\frac{\mathrm{AF}}{\mathrm{IF}} = \frac{\mathrm{AL}}{\mathrm{JL}}$$

が成り立つが、これは次のように書き換えることができる。

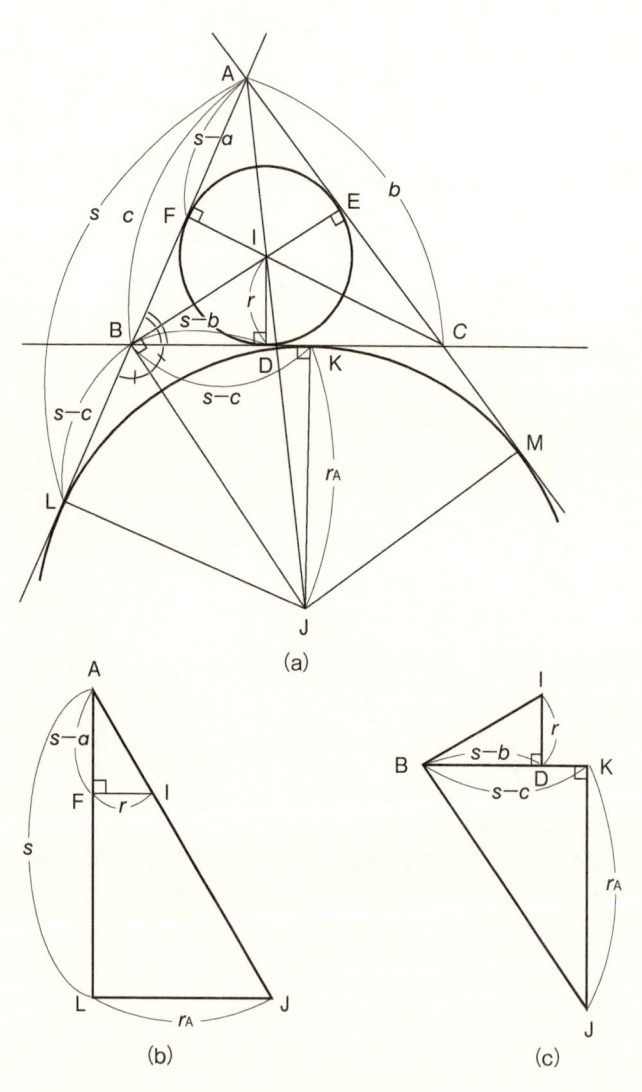

図C

178

$$\frac{s-a}{r} = \frac{s}{r_A} \quad (\text{C.1})$$

次に図 C(c) からは、△IBD と △BJK の比例関係から、

$$\frac{\mathrm{BD}}{\mathrm{ID}} = \frac{\mathrm{JK}}{\mathrm{BK}}$$

が成り立つが、これは、

$$\frac{s-b}{r} = \frac{r_A}{s-c} \quad (\text{C.2})$$

を導く。この式 (C.1) と (C.2) を辺々掛け合わせると

$$\frac{(s-a)(s-b)}{r^2} = \frac{s}{s-c}$$

が得られる。これから

$$(s-a)(s-b)(s-c) = r^2 s$$

が出るので、両辺に s を掛けると、

$$s(s-a)(s-b)(s-c) = (rs)^2$$

となる。

ところが、われわれはすでに

$$S = rs$$

という関係を知っている。これからただちに、目的の

$$S = \sqrt{s(s-a)(s-b)(s-c)}$$

が導かれた。

■解説D　図7.10の作図法

図 7.10 の長方形の短い方の辺を 1 とすると、長い方の辺は $\sqrt{3}+\dfrac{2}{3}=2.3987\cdots$ となる。だから、短い辺が 10 cm なら、長い方はほぼ 24 cm になるので作図は楽だ。長方形 ABCD の長辺 AD 上に AE＝$\sqrt{3}$AB（約 17.3 cm）になるような点 E を打つ。△EAB は 60°の三角定規になっている。このとき、ED の長さはほぼ $\dfrac{2AB}{3}$ になっているはずである。

次に辺 DC 上に DE＝DF になるように点 F を打つ。すると、△DEF は 45°の三角定規になる。また、BE の中点を G とすると、△ABG は正三角形、△GAE は伏角が 30°の鈍角二等辺三角形になる。

点 E から∠AEH が 60°になるような線を引き、それと BC の交点を H とする。この H から辺 BE に向けて∠BHJ が 45°になるような線を引き、その交点を J とする。あとは、点 F と H を結ぶだけである。こうすることによって、図 7.10 にある数字と記号を見れば、この長方形 ABCD の中に、七種類の三角形が全部 1 個ずつ入っていることがわかる。さらに、どの角度も 15°の倍数になっている。

ルートや三角関数の計算のできる人は、各辺の長さが厳密にどのような式で表されるか調べると面白いであろう。うまくすると

$$\tan 15° = 2-\sqrt{3}$$

というおまけも導くことができるのだ。

さくいん

アルファベット

cos	126
didrafter	118
drafter	117
eternity puzzle	122
n 回回転対称	115
Pegg, Ed Jr.	118
sin	127
tan	127
τ	149
ϕ	149

あ行

アイゼンシュタインの三角形	136
麻の葉	163
麻の葉桔梗	165
麻の葉模様	161
アポロニウスのガスケット	77
アポロニウスの詰め物	77
アポロニウスの窓	77, 83
アルベロス	85
石井源久	167
いじわるヘロン	105
五つ鱗車	165
エターニティ・パズル	122
黄金三角形	146
黄金比	147, 149
折り紙	27

か行

外心	12, 15
外接円	15
角の 3 等分	50
可約	61
幾何学的模様	161
既約	62
曲率	79
偶奇性	65
コサイン	126

さ行

サイン	127
紗綾型模様	161
三角稲妻	163
三角関数	126
三角定規	29, 110
『算法新書』	59
七五三	136
質屋さん	136
周期的タイリング	161
重心	12
垂心	12, 41
垂線	15
正五角形	146
正三角形	12
整数三角形	130
正方形	23
切片	19, 45
漸化式	153

た行
- ダイドラフター……………118
- タイリング………………38
- 互いに素…………………66
- タンジェント……………127
- チェバの定理……………51
- 直角三角形の足…………59
- 中線………………………12
- デカルト…………………79
- デカルトの四接円の定理……80
- デュードニー……………24
- ドラフター………………117

な行
- 内心…………………12, 45
- 内接円………………13, 45
- 名古屋………………47, 136
- 七つ繋ぎ鱗………………163
- ナポレオンの三角形……19
- ナポレオンの外三角形……20
- ナポレオンの内三角形……20
- 二項定理…………………60
- 二辺夾角…………………127

は行
- バスカラ2世……………59
- 半周長………………47, 98
- 半整数……………………106
- ピタゴラスの公式………62
- ピタゴラスの三角形……61
- ピタゴラスの定理………58
- 一つ違い足………………75

- 一松信……………………136
- フィボナッチ数…………153
- 伏角………………………147
- 不等辺三角形……………32
- ペッグ……………………118
- ペル数……………………77
- ヘロンの公式………97, 177
- ヘロンの三角形…………92
- ペンタグラム……………152
- ペンタグラムパターン……152
- 北條鱗……………………163
- 傍心………………………16
- 傍接円……………………18
- ボヘミア王女エリザベス……79

ま・や・ら行
- 松ぼっくり………………154
- 三つ鱗……………………163
- 六つ鱗……………………163
- メネラウスの定理………54
- モーリーの三角形………49
- 紋章………………………163
- やな13歳………………139
- 藪麻の葉…………………163
- ユークリッド幾何学……49
- 余弦………………………126
- 余弦公式…………………129
- 余弦定理…………………127
- ラウスの定理………34, 172
- ルカ数……………………160
- 連続数ヘロンの三角形……103

N.D.C.414　182p　18cm

ブルーバックス　B-1823

三角形の七不思議
単純だけど、奥が深い

2013年7月20日　第1刷発行
2024年6月7日　第6刷発行

著者	細矢治夫
発行者	森田浩章
発行所	株式会社講談社
	〒112-8001 東京都文京区音羽2-12-21
電話	出版　03-5395-3524
	販売　03-5395-4415
	業務　03-5395-3615
印刷所	(本文表紙印刷)株式会社KPSプロダクツ
	(カバー印刷)信毎書籍印刷株式会社
本文データ制作	株式会社フレア
製本所	株式会社KPSプロダクツ

定価はカバーに表示してあります。
©細矢治夫　2013, Printed in Japan
落丁本・乱丁本は購入書店名を明記のうえ、小社業務宛にお送りください。送料小社負担にてお取替えします。なお、この本についてのお問い合わせは、ブルーバックス宛にお願いいたします。
本書のコピー、スキャン、デジタル化等の無断複製は著作権法上での例外を除き禁じられています。本書を代行業者等の第三者に依頼してスキャンやデジタル化することはたとえ個人や家庭内の利用でも著作権法違反です。
R〈日本複製権センター委託出版物〉複写を希望される場合は、日本複製権センター（電話03-6809-1281）にご連絡ください。

ISBN978-4-06-257823-3

発刊のことば

科学をあなたのポケットに

二十世紀最大の特色は、それが科学時代であるということです。科学は日に日に進歩を続け、止まるところを知りません。ひと昔前の夢物語もどんどん現実化しており、今やわれわれの生活のすべてが、科学によってゆり動かされているといっても過言ではないでしょう。

そのような背景を考えれば、学者や学生はもちろん、産業人も、セールスマンも、ジャーナリストも、家庭の主婦も、みんなが科学を知らなければ、時代の流れに逆らうことになるでしょう。

ブルーバックス発刊の意義と必然性はそこにあります。このシリーズは、読む人に科学的に物を考える習慣と、科学的に物を見る目を養っていただくことを最大の目標にしています。そのためには、単に原理や法則の解説に終始するのではなくて、政治や経済など、社会科学や人文科学にも関連させて、広い視野から問題を追究していきます。科学はむずかしいという先入観を改める表現と構成、それも類書にないブルーバックスの特色であると信じます。

一九六三年九月

野間省一

ブルーバックス　数学関係書(I)

116	推計学のすすめ	佐藤 信
120	統計でウソをつく法	ダレル・ハフ／高木秀玄"訳
177	ゼロから無限へ	C・C・レイド／芹沢正三"訳
325	現代数学小事典	寺阪英孝"編
722	解ければ天才! 算数100の難問・奇問	中村義作
833	虚数 i の不思議	堀場芳数
862	対数 e の不思議	堀場芳数
926	原因をさぐる統計学	豊田秀樹
1003	マンガ 微積分入門	岡部恒治／前田忠彦"絵
1013	違いを見ぬく統計学	豊田秀樹
1037	道具としての微分方程式	斎藤恭一
1201	自然にひそむ数学	佐藤修一
1243	高校数学とっておき勉強法	吉田剛一"絵
1312	マンガ おはなし数学史 新装版	佐々木ケン"漫画／仲田紀夫"原作
1332	集合とはなにか	竹内外史
1352	確率・統計であばくギャンブルのからくり 傑作選	谷岡一郎
1353	数学パズル「出しっこ問題」傑作選	仲田紀夫
1366	数学版 これを英語で言えますか?	保江邦夫"著／E・ネルソン"監修
1383	高校数学でわかるマクスウェル方程式	竹内 淳
1386	素数入門	芹沢正三
1407	入試数学 伝説の良問100	安田 亨
1419	パズルでひらめく 補助線の幾何学	中村義作
1429	数学21世紀の7大難問	中村 亨
1433	大人のための算数練習帳	佐藤恒雄
1453	大人のための算数練習帳 図形問題編	佐藤恒雄
1479	なるほど高校数学 三角関数の物語	原岡喜重
1490	暗号の数理 改訂新版	一松 信
1493	計算力を強くする	鍵本 聡
1536	計算力を強くするpart2	鍵本 聡
1547	広中杯 ハイレベル 算数オリンピック委員会"監修／青木亮二"解説	
1557	中学数学に挑戦	田栗正章／C・R・ラオ／柳井晴夫／藤越康祝
1595	やさしい統計入門	芹沢正三
1598	数論入門	原岡喜重
1606	なるほど高校数学 ベクトルの物語	山根英司
1619	関数とはなんだろう	野﨑昭弘
1620	離散数学「数え上げ理論」	竹内 淳
1629	高校数学でわかるボルツマンの原理	鍵本 聡
1657	計算力を強くする 完全ドリル	竹内 淳
1677	高校数学でわかるフーリエ変換	芳沢光雄
1678	新体系 高校数学の教科書(上)	芳沢光雄
1684	新体系 高校数学の教科書(下)	中村 亨
	ガロアの群論	

ブルーバックス　数学関係書（Ⅱ）

1704	高校数学でわかる線形代数	竹内　淳
1724	ウソを見破る統計学	神永正博
1738	物理数学の直観的方法（普及版）	長沼伸一郎
1740	マンガで読む　計算力を強くする	高岡詠子
1743	大学入試問題で語る数論の世界	清水健一
1757	高校数学でわかる統計学	竹内　淳
1764	新体系　中学数学の教科書（上）	芳沢光雄
1765	新体系　中学数学の教科書（下）	芳沢光雄
1770	連分数のふしぎ	木村俊一
1782	はじめてのゲーム理論	川越敏司
1784	確率・統計でわかる「金融リスク」のからくり	吉本佳生
1786	「超」入門　微分積分	神永正博
1788	複素数とはなにか	示野信一
1795	シャノンの情報理論入門	高岡詠子
1808	不完全性定理とはなにか	竹内　薫
1810	オイラーの公式がわかる	原岡喜重
1818	世界は2乗でできている	小島寛之
1819	マンガ　線形代数入門　鍵本聡＝原作　北垣絵美＝漫画	
1822	三角形の七不思議	細矢治夫
1823	算数オリンピックに挑戦 '08～'12年度版　算数オリンピック委員会＝編	
1828	リーマン予想とはなにか	中村　亨
1833	超絶難問論理パズル	小野田博一
1841	難関入試　算数速攻術	中川塁＝監修　松島りつこ＝画
1851	チューリングの計算理論入門	高岡詠子
1880	非ユークリッド幾何の世界　新装版	寺阪英孝
1888	直感を裏切る数学	神永正博
1890	ようこそ「多変量解析」クラブへ	小野田博一
1893	逆問題の考え方	上村　豊
1897	算法勝負！「江戸の数学」に挑戦	山根誠司
1906	ロジックの世界　ダン・クライアン／シャロン・シュアティル／ビル・メイブリン＝絵　田中一之＝訳	
1907	素数が奏でる物語	西来路文朗／清水健一
1917	群論入門	芳沢光雄
1921	数学ロングトレイル「大学への数学」に挑戦　ベクトル編	山下光雄
1927	確率を攻略する	小島寛之
1933	「P≠NP」問題	野崎昭弘
1941	数学ロングトレイル「大学への数学」に挑戦	山下光雄
1942	数学ロングトレイル「大学への数学」に挑戦　関数編	山下光雄
1961	曲線の秘密	松下泰雄
1967	世の中の真実がわかる「確率」入門	小林道正

ブルーバックス　数学関係書 (III)

1968	脳・心・人工知能	甘利俊一
1969	四色問題	一松信
1984	経済数学の直観的方法　マクロ経済学編	長沼伸一郎
1985	経済数学の直観的方法　確率・統計編	長沼伸一郎
1998	結果から原因を推理する「超」入門ベイズ統計	石村貞夫
2001	人工知能はいかにして強くなるのか?	小野田博一
2003	素数はめぐる	西来路文朗／清水健一
2023	曲がった空間の幾何学	宮岡礼子
2033	ひらめきを生む「算数」思考術	安藤久雄
2035	現代暗号入門	神永正博
2036	美しすぎる「数」の世界	清水健一
2043	理系のための微分・積分復習帳	竹内淳
2046	方程式のガロア群	金重明
2059	離散数学「ものを分ける理論」	徳田雄洋
2065	学問の発見	広中平祐
2069	今日から使える微分方程式　普及版	飽本一裕
2079	はじめての解析学	原岡喜重
2081	今日から使える物理数学　普及版	岸野正剛
2085	今日から使える統計解析　普及版	大村平
2092	いやでも数学が面白くなる	志村史夫
2093	今日から使えるフーリエ変換　普及版	三谷政昭
2098	高校数学でわかる複素関数	竹内淳
2104	トポロジー入門	都築卓司
2107	数学にとって証明とはなにか	瀬山士郎
2110	高次元空間を見る方法	小笠英志
2114	数の概念	高木貞治
2118	道具としての微分方程式　偏微分編	斎藤恭一
2121	離散数学入門	芳沢光雄
2126	数の世界	松岡学
2137	有限の中の無限	西来路文朗／清水健一
2141	今日から使える微積分　普及版	大村平
2147	円周率πの世界	柳谷晃
2153	多角形と多面体	日比孝之
2160	多様体とは何か	小笠英志
2161	なっとくする数学記号	黒木哲徳
2167	三体問題	浅田秀樹
2168	大学入試数学　不朽の名問100	鈴木貫太郎
2171	四角形の七不思議	細矢治夫
2178	数式図鑑	横山明日希
2179	数学とはどんな学問か?	津田一郎
2182	マンガ　一晩でわかる中学数学	端野洋子
2188	世界は「e」でできている	金重明

ブルーバックス　数学関係書 (Ⅳ)

2195
統計学が見つけた野球の真理

鳥越規央

ブルーバックス 物理学関係書 (I)

番号	タイトル	著者
79	相対性理論の世界	J・A・コールマン／中村誠太郎=訳
563	電磁波とはなにか	後藤尚久
584	10歳からの相対性理論	都筑卓司
733	紙ヒコーキで知る飛行の原理	小林昭夫
911	電気とはなにか	室岡義広
1012	量子力学が語る世界像	和田純夫
1084	図解 わかる電子回路	加藤 肇／見城尚志／高橋久
1128	原子爆弾	山田克哉
1150	音のなんでも小事典	日本音響学会=編
1174	消えた反物質	小林 誠
1205	クォーク 第2版	南部陽一郎
1251	心は量子で語れるか	ロジャー・ペンローズ／中村和幸=訳
1259	光と電気のからくり	N・カートライト／A・シモニー／S・ホーキング
1310	「場」とはなんだろう	竹内 薫
1380	四次元の世界(新装版)	都筑卓司
1383	高校数学でわかるマクスウェル方程式	竹内 淳
1384	マックスウェルの悪魔(新装版)	都筑卓司
1385	不確定性原理(新装版)	都筑卓司
1390	熱とはなんだろう	竹内 薫
1391	ミトコンドリア・ミステリー	林 純一
1394	ニュートリノ天体物理学入門	小柴昌俊
1415	量子力学のからくり	山田克哉
1444	超ひも理論とはなにか	竹内 薫
1452	流れのふしぎ	石綿良三／根本光正=著 日本機械学会=編
1469	量子コンピュータ	竹内繁樹
1470	高校数学でわかるシュレディンガー方程式	竹内 淳
1483	新しい物性物理	伊達宗行
1487	ホーキング 虚時間の宇宙	竹内 薫
1509	新しい高校物理の教科書	山本明利／左巻健男=編著
1569	電磁気学のABC(新装版)	福島 肇
1583	熱力学で理解する化学反応のしくみ	平山令明
1591	発展コラム式 中学理科の教科書 第1分野(物理・化学)	滝川洋二=編
1605	マンガ 物理に強くなる	関口知彦=原作／鈴木みそ=漫画
1620	高校数学でわかるボルツマンの原理	竹内 淳
1638	プリンキピアを読む	和田純夫
1642	新・物理学事典	大槻義彦／大場一郎=編
1648	量子テレポーテーション	古澤 明
1657	高校数学でわかるフーリエ変換	竹内 淳
1675	量子重力理論とはなにか	竹内 薫
1697	インフレーション宇宙論	佐藤勝彦

ブルーバックス　物理学関係書 (II)

番号	タイトル	著者
1701	光と色彩の科学	齋藤勝裕
1715	量子もつれとは何か	古澤 明
1716	「余剰次元」と逆二乗則の破れ	村田次郎
1720	傑作！物理パズル50	ポール・G・ヒューイット／松森靖夫 編訳
1728	ゼロからわかるブラックホール	大須賀健
1731	宇宙は本当にひとつなのか	村山 斉
1738	物理数学の直観的方法（普及版）	長沼伸一郎
1776	現代素粒子物語（高エネルギー加速器研究機構）	中嶋 彰／KEK 協力
1780	オリンピックに勝つ物理学	望月 修
1799	宇宙になぜ我々が存在するのか	村山 斉
1803	高校数学でわかる相対性理論	竹内 淳
1815	大人のための高校物理復習帳	桑子 研
1827	大栗先生の超弦理論入門	大栗博司
1836	真空のからくり	山田克哉
1860	発展コラム式　中学理科の教科書　改訂版　物理・化学編	滝川洋二 編
1867	高校数学でわかる流体力学	竹内 淳
1871	アンテナの仕組み	小暮裕明／小暮芳江
1894	エントロピーをめぐる冒険	鈴木 炎
1905	あっと驚く科学の数字　数から科学を読む研究会	小山慶太
1912	マンガ　おはなし物理学史	佐々木ケン 漫画／小山慶太 原作
1924	謎解き・津波と波浪の物理	保坂直紀
1930	光と重力　ニュートンとアインシュタインが考えたこと	小山慶太
1932	天野先生の「青色LEDの世界」	天野 浩／福田大展
1937	輪廻する宇宙	横山順一
1940	すごいぞ！身のまわりの表面科学	日本表面科学会
1960	超対称性理論とは何か	小林富雄
1961	曲線の秘密	松下泰雄
1970	高校数学でわかる光とレンズ	竹内 淳
1981	宇宙は「もつれ」でできている	ルイーザ・ギルダー／山田克哉 監訳／窪田恭子 訳
1982	光と電磁気　ファラデーとマクスウェルが考えたこと	小山慶太
1983	重力波とはなにか	安東正樹
1986	ひとりで学べる電磁気学	中山正敏
2019	時空のからくり	山田克哉
2027	重力波で見える宇宙のはじまり	ピエール・ビネトリュイ／安東正樹 監訳／岡田好惠 訳
2031	時間とはなんだろう	松浦 壮
2032	佐藤文隆先生の量子論	佐藤文隆
2040	ペンローズのねじれた四次元　増補新版	竹内 薫
2048	$E=mc^2$ のからくり	山田克哉
2056	新しい1キログラムの測り方	臼田 孝

ブルーバックス　物理学関係書(Ⅲ)

番号	タイトル	著者
2061	科学者はなぜ神を信じるのか	三田一郎
2078	独楽の科学	山崎詩郎
2087	[超]入門　相対性理論	福江純
2090	はじめての量子化学	平山令明
2091	いやでも物理が面白くなる　新版	志村史夫
2096	2つの粒子で世界がわかる	森弘之
2100	プリンシピア　自然哲学の数学的原理　第Ⅰ編　物体の運動	アイザック・ニュートン／中野猿人『訳・注』
2101	プリンシピア　自然哲学の数学的原理　第Ⅱ編　抵抗を及ぼす媒質内での物体の運動	アイザック・ニュートン／中野猿人『訳・注』
2102	プリンシピア　自然哲学の数学的原理　第Ⅲ編　世界体系	アイザック・ニュートン／中野猿人『訳・注』
2115	「ファインマン物理学」を読む　量子力学と相対性理論を中心として　普及版	竹内薫
2124	時間はどこから来て、なぜ流れるのか?	吉田伸夫
2129	「ファインマン物理学」を読む　電磁気学を中心として　普及版	竹内薫
2130	「ファインマン物理学」を読む　力学と熱力学を中心として　普及版	松浦壮
2139	量子とはなんだろう	松浦壮
2143	時間は逆戻りするのか	高水裕一
2162	トポロジカル物質とは何か	長谷川修司
2169	アインシュタイン方程式を読んだら	深川峻太郎
2183	「宇宙」が見えた	中嶋彰
2193	早すぎた男　南部陽一郎物語	中嶋彰
2194	思考実験　科学が生まれるとき	榛葉豊
2196	宇宙を支配する「定数」	臼田孝
	ゼロから学ぶ量子力学	竹内薫

ブルーバックス　事典・辞典・図鑑関係書

2178	現代数学小事典	寺阪英孝"編
2161	毒物雑学事典	大木幸介
2028	図解 わかる電子回路	加藤肇/見城尚志/高橋久
1762	音のなんでも小事典	日本音響学会"編
1761	図解 なんでも小事典	増本健"監修 ウォーク"編著
1676	金属なんでも小事典	
1660	味のなんでも小事典	日本味と匂学会"編
1653	単位171の新知識	星田直彦
1642	料理のなんでも小事典	日本調理科学会"編
1624	コンクリートなんでも小事典	土木学会関東支部"編 井上晋"他
1614	新・物理学事典	大槻義彦/大場一郎"編
1484	理系のための英語「キー構文」46	原田豊太郎
1439	図解 電車のメカニズム	宮本昌幸"編著
1188	図解 橋の科学	土木学会関西支部"編 田中輝彦/渡邊英一"他
1150	声のなんでも小事典	米山文明"監修 和田美代子
1084	完全図解 宇宙手帳	渡辺勝巳"JAXA"協力
569	元素118の新知識	桜井弘"編 黒木哲徳
325	なっとくする数学記号 数式図鑑	横山明日希